Compact
ELECTROCHEMISTRY

コンパクト

電気化学

岩倉千秋
森田昌行
井上博史

共著

丸善出版

序

　本書は"高度な内容をやさしく説明する"ことをモットーにして，第一に大学や高等専門学校における講義用の教科書を，第二に電気化学関連分野の研究開発に携わる方々の参考書をめざしたものである．

　長年にわたって大学の学部専門課程や大学院で電気化学を講義してきた著者らの経験に基づいて，本書では半年，2単位で講義できるように，あれもこれもと欲張ることなくエッセンシャルな部分あるいは代表例のみをまとめてある．そのため，電気化学を専門的に学ぼうとする方々には多少物足りなさを感じるかもしれない．その場合には，本書の姉妹編である『化学教科書シリーズ 第2版 電気化学概論』（松田好晴・岩倉千秋共著，丸善出版）およびその初版を参照していただきたい．また，丸善出版株式会社のご厚意で別途本書のウェブサイト"『コンパクト電気化学』plus on Web"（https://www.maruzen-publishing.co.jp/info/n20451.html）が設けられており，そこには，もっと詳しく学びたい方々のために，より高度な内容を補遺におさめてあるので是非利用していただきたい．なお，このウェブサイトは本書の特徴の一つとして，今後も随時更新して充実させる予定である．

　各章の末尾には演習問題を載せてあるので，講義の途中で適宜解いていただきたい．また，演習問題のうち計算問題についてはすべて解答を上記のウェブサイトに掲載してあるので，中間試験や期末試験などの出題にも利用していただきたい．

　なお，電気化学の用語やその英訳については，複数個ある場合でも，簡単のためいくつかの例外を除いてはあえて代表的なもの一つだけを記すにとどめた．

本書を執筆するにあたり，故松田好晴山口大学名誉教授，石川正司関西大学教授，内田裕之山梨大学教授，野原愼士山梨大学准教授，樋口栄次大阪府立大学准教授をはじめ，多くの大学や企業の方々にご協力やご助言をいただいた．また，主な参考書として掲げた教科書をはじめ，多数の著書，総説，解説，便覧，辞典，インターネットホームページなどを参考にさせていただいた．ここで心からお礼を申し上げたい．

　終りに，本書の編集校正はもとより，つねにはげましの言葉や非常に有益な助言をいただいた丸善出版株式会社の小野栄美子氏に深く謝意を表したい．

2019年　5月

岩　倉　千　秋
森　田　昌　行
井　上　博　史

目　　次

第1章　電気化学の基礎 …………………………………………………… 1

1.1　電気化学とは　　*1*
1.2　電気化学の歴史　　*2*
1.3　電気化学セル　　*4*
1.4　ファラデーの電気分解の法則　　*7*
　　　演　習　問　題　*10*

第2章　電解質溶液の性質 ………………………………………………… 11

2.1　電解質溶液の電気伝導率　　*11*
2.2　モ ル 伝 導 率　　*13*
2.3　イ オ ン 解 離　　*15*
2.4　イオンの輸率と移動度　　*16*
2.5　イオン伝導の機構　　*18*
　　　演　習　問　題　*20*

第3章　電池の起電力と電極電位 ………………………………………… 22

3.1　電 池 起 電 力　　*22*
　　電池の表示法と電池起電力（*22*）　電池起電力の熱力学的計算（*24*）　標準起電力と熱力学データ（*25*）

3.2　電　極　電　位　　*26*
　　電極の種類（*26*）　標準水素電極と標準電極電位（*27*）　電極電位の熱力学的計算（*28*）　参照電極（*30*）

3.3　濃　淡　電　池　　*31*
　　電極濃淡電池（*31*）　電解質濃淡電池（*32*）　液間電位（*33*）

iv　目　次

　　　　演習問題　*34*

第4章　電極と電解質溶液の界面 ……………………………………… *36*

　4.1　電気二重層の形成と電極反応　*36*
　4.2　界面の熱力学的取扱いと静電容量　*37*
　4.3　電気二重層の構造モデル　*39*
　4.4　特異吸着　*41*
　4.5　電気化学セル内の電位分布　*42*
　　　　演習問題　*44*

第5章　電極反応の速度 ……………………………………………… *45*

　5.1　電極反応の素過程と反応速度　*45*
　　　　電極反応の素過程（*45*）　電極反応の速度と電流密度（*46*）
　5.2　電荷移動過程　*47*
　　　　電荷移動過程の概念（*47*）　電荷移動過程の速度式（*49*）
　5.3　物質移動過程　*52*
　　　　物質移動過程の概念（*52*）　物質移動過程の速度式（*53*）
　5.4　*IR*損の影響　*55*
　5.5　電極反応速度の測定法　*56*
　5.6　電極触媒作用　*56*
　　　　演習問題　*58*

第6章　電池によるエネルギーの変換と貯蔵 ………………………… *59*

　6.1　実用電池の基礎　*59*
　　　　電池の定義と分類（*59*）　電池の構成，反応および起電力（*60*）　電池の容量，エネルギー密度および出力密度（*62*）　実用電池に求められる条件（*63*）
　6.2　一次電池　*64*
　　　　マンガン乾電池（*65*）　アルカリマンガン乾電池（*66*）　酸化銀電池（*67*）　空気電池（*68*）　リチウム電池（*69*）
　6.3　二次電池　*70*
　　　　鉛蓄電池（*71*）　ニッケル-カドミウム電池（*72*）　ニッケル-水素電池（*74*）　リチウムイオン電池（*76*）　その他の二次電池（*78*）　電気化学キャパシタ

(80)

6.4 燃料電池　*82*

演習問題　*88*

第7章　電気分解を利用する物質の製造　…………………………………… *89*

7.1 電気分解による物質製造の特徴　*89*

7.2 実用電解槽の基礎　*90*

電解槽の構成，反応および分解電圧（*90*）　実用電解槽の構成材料（*93*）

7.3 食塩電解　*95*

7.4 溶融塩電解　*97*

7.5 電解製錬と電解精錬　*100*

電解製錬（*100*）　電解精錬（*101*）

演習問題　*103*

第8章　表面の処理と高機能化　……………………………………………… *104*

8.1 電気めっき　*104*

8.2 アノード処理　*107*

8.3 電着塗装　*110*

演習問題　*112*

第9章　金属の腐食とその防止　……………………………………………… *113*

9.1 腐食　*113*

腐食の機構：局部電池機構（*113*）　腐食の速度論：腐食電位と腐食電流（*116*）　腐食の平衡論：電位-pH図（*118*）　不活態と不動態（*120*）

9.2 防食　*120*

環境制御による防食（*120*）　電気防食（*121*）　表面被覆による防食（*122*）　腐食抑制剤の添加による防食（*123*）　合金化による防食（*124*）

演習問題　*124*

第10章　光と半導体がかかわる電気化学　………………………………… *125*

10.1 半導体の電気伝導　*125*

バンド構造と真性半導体（*125*）　自由電子と正孔（*126*）　不純物半導体

(127)

10.2 半導体のフェルミ準位と接合　128

　フェルミ準位（128）　半導体と金属の接合（129）　n 型半導体と p 型半導体の接合（130）

10.3 半導体電極の分極と光照射　131

　半導体電極と電解質溶液の界面の構造（131）　半導体電極の分極特性（132）　光照射の効果（133）

10.4 半導体電極を用いた光電池　135

10.5 色素増感と色素増感太陽電池　136

　演習問題　139

第11章　生体物質の機能と電気化学　140

11.1 細胞膜電位と神経興奮伝導　140

11.2 生体内酸化還元系　142

　生体酸化還元電位（143）　呼吸鎖電子伝達系（144）　光合成電子伝達系（146）

11.3 生体計測　148

　電気泳動法（148）　バイオセンサー（149）

11.4 生物電池　151

　演習問題　152

第12章　電気化学に基づく測定法　154

12.1 電気化学測定法の分類　154

12.2 定電流電解と定電位電解　155

12.3 ポテンショメトリー　156

12.4 アンペロメトリー　159

12.5 クーロメトリー　160

12.6 ボルタンメトリー　162

　演習問題　166

参考図書，参考文献および参考資料　167

索　引　171

"『コンパクト電気化学』plus on Web" について

"『コンパクト電気化学』plus on Web" は教科書の理解を深めたい方々のためのサポートページです．

https://pub.maruzen.co.jp/space/denkikagaku/

に，本書の各章末にある演習問題の計算問題の解き方，およびもっと詳しく学びたい方々のために，より高度な内容の解説を掲載しておりますので，ご活用ください．

下記のユーザー名（ID）とパスワードを入力すれば無償で閲覧できます．

ユーザー名： electrochem
パスワード： compact2019

なお，本サービスは，任意に内容の加筆，変更または予告なく中止することがあります．

第1章 電気化学の基礎

　本章では，電気化学（electrochemistry）という学問とその中で取扱う分野，歴史について述べた後，電気化学系（電気化学システムともいう）（electrochemical system）の対象となる電気化学セル（electrochemical cell），すなわち電気分解セル（電解セル）[*1]（electrolysis cell, electrolytic cell）と電池（cell, battery），それを構成する重要な要素であるアノード（anode）とカソード（cathode），そこでの反応であるアノード酸化（anodic oxidation）とカソード還元（cathodic reduction）の意味，電気化学の基本則であるファラデーの電気分解の法則（Faraday's laws of electrolysis）について述べる．

1.1 電気化学とは

　電気化学（electrochemistry）は，化学的現象のうち電気と深い関係をもつ分野を対象とする学問である．狭い意味では，電子が電荷を運ぶ電子伝導体（electronic conductor）とイオンが電荷を運ぶイオン伝導体（ionic conductor）との界面で，電荷が授受されることによって引き起こされる現象を取り扱う学問分野であり，広い意味では，電荷をもつ粒子（電子（electron），イオン（ion））の性質や電荷の授受に引き続いて起こる化学反応なども研究対象に含まれ，電気化学で取り扱う分野は非常に広い範囲にわたっている．現代電気化学では，電極反応の平衡論や速度論などの基礎理論をもとにして，電池，電気分解，表面処理，腐食・防食，光電気化学，生物電気化学，電気化学計測，環境電気化学などエネルギー，新素材，バイオ，情報および環境に関係した非常に広い範囲の内容が取り扱われる．

　[*1] 電気分解（electrolysis）は略して電解ともいう．

1.2 電気化学の歴史

　電気化学的現象を利用した歴史はきわめて古く，紀元前1世紀から紀元1世紀頃には，図1.1に示すようなつぼ形の土器に銅筒と鉄棒を組み合わせたバグダッド電池（Baghdad battery）が使われていた[*2]ことが，イラクのバグダッド東方のホーヤット・ラップアで発掘された遺物からわかっている．

　このようなすばらしい技術も，その後は忘れられ，近代科学の発展の中で再び電気化学的現象が知られたのは，1791年にイタリアのガルバニ（Galvani）よって，カエルの筋肉が金属片に触れるとけいれんするという現象[*3]が発見されてからである．彼は，カエルの実験により，電気の源がカエルの組織の中にあるという動物電気説を提唱したが，その実体は，電池が形成され，電流がカエルの足を刺激したためであった．その後，1794年にボルタ（Volta）は，カエルの筋肉の代わりに塩水で湿らせた布か紙を2種の金属の円板で挟み，多数積層すると高い起電力が生じることを発表した．これはボルタの電堆（Voltaic pile）とよばれ，正極（positive

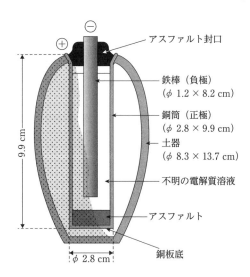

図 1.1　バグダッド電池

[*2] 金銀などの装飾品のめっき用電源として使われたのではないかと考えられている．
[*3] たとえば，カエルを鉄の棚にぶらさげ，その足に黄銅（真ちゅう）の針金をひっかけておくと，鉄と黄銅が触れたときにカエルの足がけいれんした．

electrode）に銅，負極（negative electrode）に亜鉛，電解質溶液（electrolyte solution）に希硫酸を用いた 1800 年発明のボルタ電池（Volta cell, Voltaic cell）につながる．

19 世紀に入ると，電気化学の中心は英国に移った．1800 年にカーライル（Carlisle）とニコルソン（Nicholson）は，ボルタ電池を用いて水の電気分解を行い，水素と酸素を得た．また，1807 年にデービー（Davy）は，ボルタ電池を用いた溶融アルカリの電気分解によりカリウムやナトリウムを単離した．彼の弟子のファラデー（Faraday）は，1833 年に電気分解の基本則であるファラデーの電気分解の法則を発表するとともに，電極（electrode），アノード，カソード，電解質（electrolyte），カチオン（陽イオン）（cation），アニオン（陰イオン）（anion）など種々の電気化学に関する用語と概念を定めた．1836 年にはダニエル（Daniell）によってダニエル電池（Daniell cell）が考案された．1839 年にはグローブ（Grove）が，白金電極と希硫酸を用いて燃料電池（fuel cell）の実験を行った．これが燃料電池の始まりである．

1859 年にはフランスのプランテ（Planté）により鉛蓄電池（lead storage battery, lead-acid battery）が，1860 年代には同じくフランスのルクランシェ（Lechlanché）によってマンガン乾電池（manganese dry cell）の原型のルクランシェ電池（Lechlanché cell）が発明された．1866 年にはドイツのジーメンス（Siemens）により大型の直流発電機が発明され，大規模な電解工業が発展することになった．

19 世紀末には，1883 年に提出されたスウェーデンのアレニウス（Arrhenius）による電離説（theory of electrolytic dissociation）などの展開があり，1899 年にはドイツのネルンスト（Nernst）により電極反応にかかわる電解質溶液中のイオンの活量と電極電位との関係を示すネルンスト式（Nernst equation）が発表された．また，20 世紀初頭になると，1905 年にターフェル（Tafel）によって電極反応速度（電流）と過電圧の関係を示すターフェル式（Tafel equation）が提出された．その後，電極と電解質溶液の界面の構造についての研究が進み，化学反応速度論が電気化学の分野に取り入れられ，電極反応速度論（electrode reaction kinetics）が確立した．

20 世紀後半になると，1969 年に本多と藤嶋により半導体電極に光照射すると水が水素と酸素に分解される現象[*4]が発見されてから，光電気化学（photoelectro-

chemistry）の分野が急展開した．また，わが国で，1970年代初頭には，世界最初の実用リチウム一次電池（lithium primary cell）が実現し，1990年代に入ると，世界最初の実用ニッケル–水素電池（nickel-hydrogen battery）（ニッケル–金属水素化物電池（nickel-metal hydride battery）ともいう）[*5]やリチウムイオン電池（lithium-ion battery）が実現した．これらの電池はハイテク電子機器をはじめハイブリッド車や電気自動車など広範囲に使用されている．このように，最近の電気化学分野での基礎と応用の両面にわたる日本の研究にはじつにめざましいものがある．

1.3 電気化学セル

電気化学で取扱うもっとも単純な系は，たとえば，図1.2に示すような金属棒を硫酸水溶液などの電解質溶液に浸漬した系である．このような一つの電子伝導体と一つのイオン伝導体の組合せは電極系（electrode system）とよばれる．しかし，電気化学系（電気化学システムともいう）として取り扱われる対象は，多くの場合，そのような電極系が二つ組み合わされた電気化学セル（electrochemical cell）である．

電気化学セルは，図1.3に示すように二つの電極，すなわち酸化反応が起こる電極（アノードという）と還元反応が起こる電極（カソードという），ならびに両電

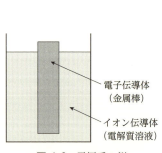

図 1.2 電極系の例

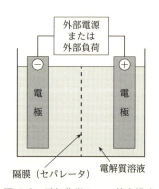

図 1.3 電気化学セルの基本構成

---

* 4 ［前ページ］ 本多–藤嶋効果（Honda-Fujishima effect）とよばれる．
* 5 高圧水素を用いる高圧型ニッケル–水素電池（high-pressure type nickel-hydrogen battery）と区別するために，開発当初はニッケル–金属水素化物電池とよばれることが多かった．

極の間に存在する電解質溶液から構成される．さらに，必要に応じて隔膜（diaphragm）（セパレータ（separator）ともいう）が用いられる．電気化学セルの中では帯電した粒子が電荷を運ぶ．その

表 1.1 電気化学における電極の名称

電極反応	酸化反応	還元反応
電解セル	陽極	陰極
電池	負極	正極
電気化学セル	アノード	カソード

際，電極中では電子が電荷を運び，電解質溶液中ではカチオンとアニオンが電荷を運ぶ．したがって，電極は電子伝導体（electronic conductor）であり，電解質溶液はイオン伝導体（ionic conductor）である．

電気化学セルのアノードとカソードは国際的に使用される名称であるが，日本では慣例として電解セルと電池で異なる名称が用いられている．それぞれの名称を表1.1にまとめた．このように電極の名称は国際的なアノード，カソードで覚えるほうが簡単かもしれない．アノード酸化，カソード還元と覚えておけば，アノードでは酸化反応が起こり，カソードでは還元反応が起こることを忘れないだろう．なお，二つの電極を静電的な電位の高低によって分類すると，電位の高い電極が陽極（anode）および正極（positive electrode, cathode）になり，電位の低い電極が陰極（cathode）および負極（negative electrode, anode）になる．したがって，アノードの電位が必ずしもカソードの電位より高いわけではないことに注意が必要である．

電気化学セルはその働きからみて，大きく二つに分けられる．その一つは，外部から電気エネルギーを与えて化学的変化すなわち電気分解を起こさせる電解セルであり，他の一つは，化学的変化のギブズエネルギー（Gibbs energy）の減少分を電気エネルギーに変換する電池である．

まず，電解セルの一例として，図1.4に示す硫酸水溶液を用いる水の電気分解

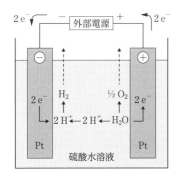

図 1.4　硫酸水溶液を用いる水の電気分解

(water electrolysis) をとりあげよう．図1.4のように，両極間に適当な電圧を印加すると，陰極（カソード）表面では，外部回路から流れ込んだ電子が硫酸水溶液中に存在する H^+ の還元に用いられて水素が発生する．この電極反応（還元反応）は

$$2H^+ + 2e^- \longrightarrow H_2 \tag{1.1}$$

で示される．また，陽極（アノード）表面では水が酸化されて酸素が発生するとともに H^+ と電子が生成する．生成した H^+ は硫酸水溶液へ，また生成した電子は外部回路へ流れ出す．この電極反応（酸化反応）は

$$H_2O \longrightarrow 1/2\,O_2 + 2H^+ + 2e^- \tag{1.2}$$

で示される．SO_4^{2-} が陽極での反応に直接関与することはない．硫酸水溶液中では，H^+ と SO_4^{2-} が電荷を運んでいる．結局，全反応は次式で示される水の水素と酸素への分解反応となる．この反応は外部電源から供給される電気エネルギーによって起こる．

$$H_2O \longrightarrow H_2 + 1/2\,O_2 \tag{1.3}$$

次に，電池の一例として，図1.5に示す硫酸水溶液を用いる水素–酸素燃料電池 (hydrogen-oxygen fuel cell) をとりあげよう．燃料電池は，外部から供給される燃料と酸化剤を消費し，電気エネルギーを外部へ供給しながら生成物をうまく排出し，連続的に発電するエネルギー変換装置である（詳細は6.4節を参照されたい）．図1.5に示されている燃料電池の電極は白金などの触媒を担持させた多孔質炭素電極であり，水素と酸素が硫酸水溶液とは反対の側から電極内に侵入して電極反応が内部で進行するようになっている．図1.5のように，負極（アノード）では，水素

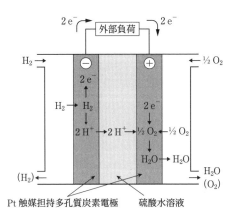

図 1.5 硫酸水溶液を用いる水素–酸素燃料電池

が酸化されてH^+と電子が生成する．生成したH^+は硫酸水溶液へ，また生成した電子は外部回路へ流れ出す．この電極反応（酸化反応）は

$$H_2 \longrightarrow 2H^+ + 2e^- \tag{1.4}$$

で示される．また，正極（カソード）では，酸素が硫酸水溶液中に存在するH^+および外部回路から流れ込んできた電子と反応して水が生成する．この電極反応（還元反応）は

$$1/2\,O_2 + 2H^+ + 2e^- \longrightarrow H_2O \tag{1.5}$$

で示される．結局，全反応は次式で示される水素と酸素からの水の生成反応となる．この反応のギブズエネルギーによって発電する．

$$H_2 + 1/2\,O_2 \longrightarrow H_2O \tag{1.6}$$

このように，水の電気分解の反応（式(1.3)）と水素-酸素燃料電池の反応（式(1.6)）は，互いに逆反応であるが，このことを最初に実証したのが英国のグローブ（Grove）である．彼は，図1.6のように希硫酸の入った容器に水素と酸素の入った管をそれぞれ浸し，これらの管の中央に白金電極を配した水素-酸素燃料電池を作製した．そして，この燃料電池を直列に複数個接続したものを電源として水の電気分解を行うと，水素と酸素が生成する，ことを明らかにした．

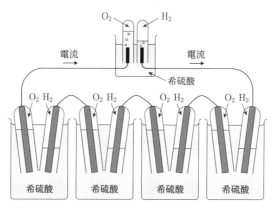

図1.6 グローブによる水素-酸素燃料電池の実証実験

1.4 ファラデーの電気分解の法則

電気化学セルにおいて，電極と電解質溶液の界面で電荷移動反応が進行すると

き，通過する電気量と反応によって変化する物質の質量との間には，次のようなファラデーの電気分解の法則（Faraday's laws of electrolysis）が成り立つ．

（1） 電気分解において電極上での反応により生成あるいは消費する物質の質量 m (g) は，通過する電気量 Q（クーロン C = A s）に比例する．すなわち，$m \propto Q$

（2） 同じ電気量で反応する物質の質量 m (g) は，その物質の化学当量（chemical equivalent）M/n に比例する．すなわち，$m \propto M/n$

したがって，この法則は，ファラデー定数（Faraday constant）F を用いると，次式で表すことができる．

$$m = (Q/F)(M/n) \tag{1.7}$$

ここで，M は物質のモル質量（g mol^{-1}），n は反応電子数である．なお，化学当量をファラデー定数 F で割った M/nF は電気化学当量（electrochemical equivalent）とよばれる．主な金属の電気化学当量を表1.2に示す．ファラデー定数 F は電子 1 mol の電気量（96485 C mol^{-1}）であり，次式のように電子 1 個のもつ電気量（1.6022×10^{-19} C）[*6] e とアボガドロ定数（Avogadro constant；6.022×10^{23} mol^{-1}）N_A の積で示される．

$$F = eN_A = 96485 \text{ C mol}^{-1} \tag{1.8}$$

なお，1ファラデー（1 F）は $(1/n)$ mol の物質を電気分解するのに要する電気

表 1.2 主な金属の電気化学当量

金 属	反応電子数 n	モル質量 M (g mol^{-1})	電気化学当量 M/nF (g C^{-1})
アルミニウム	3	26.98	0.09321×10^{-3}
鉄	2	55.85	0.2894×10^{-3}
コバルト	2	58.93	0.3054×10^{-3}
ニッケル	2	58.69	0.3041×10^{-3}
銅	2	63.55	0.3293×10^{-3}
亜 鉛	2	65.38	0.3388×10^{-3}
銀	1	107.9	1.118×10^{-3}
白 金	4	195.1	0.5055×10^{-3}
金	3	197.0	0.6806×10^{-3}
鉛	2	207.2	1.074×10^{-3}

[*6] 電気素量（elementary electric charge）という．

量に相当し，ファラデー定数に 1 mol を掛けたもの（96 485 C）に等しい．

> **例題 1.1** AgNO₃ 水溶液に 0.0150 A の電流を 20.0 min 通じたとき，理論的に陰極に析出する銀の質量を計算しなさい．ただし，銀のモル質量は 107.9 g mol⁻¹ である．
>
> [解] 通じた電気量 Q は $0.015 \times 20 \times 60\,(\mathrm{C = A\,s})$ である．銀の析出反応は $\mathrm{Ag^+ + e^- \to Ag}$ であるから，$n = 1$ である．これらを式(1.7)に代入して銀の理論析出量 m を計算すると
> $$m = (Q/F)(M/n) = (0.015 \times 20 \times 60/96\,485)(107.9/1)$$
> $$= 0.0201 \text{ g}$$

ファラデーの電気分解の法則に従って，電極上での反応により生成あるいは消費する物質の質量を予測するためには，電気分解時に通電電気量を測定する必要がある．この目的に使用される装置を電量計（coulometer）という．最近では電子回路からなるデジタル式のものがよく用いられているが，古くから用いられてきた取り扱いやすい電量計には銅電量計や銀電量計がある．たとえば，銅電量計は，図1.7 に示すように，適当な濃度の硫酸銅(II)水溶液と 2 枚の薄い銅板電極からなっており，これを目的の電解セルに直列に接続し，通電した後，式(1.9)の反応による陰極の質量増加を測定するものである．

$$\mathrm{Cu^{2+} + 2\,e^- \longrightarrow Cu} \tag{1.9}$$

銅のモル質量は 63.55 g mol⁻¹ であるから，たとえば，1 ファラデーの通電電気

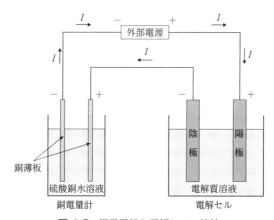

図 1.7 銅電量計と電解セルの接続

量では陰極上に 0.5 mol すなわち 31.78 g の銅が析出し,陽極では同量の銅が溶解する.

演 習 問 題

1.1 硫酸水溶液を用いる水の電気分解と水素-酸素燃料電池における電極反応と全反応を式で示しなさい.
1.2 硫酸水溶液を用いる水の電気分解と水素-酸素燃料電池を例にとって,電気化学セル(電解セルと電池)における電子とイオンの流れを図に描いて説明しなさい.
1.3 電気化学セルにおけるアノードとカソード,電解セルにおける陽極と陰極および電池における正極と負極の関係を説明しなさい.また電解セルと電池でそのような違いが生じる理由についても簡単に説明しなさい.
1.4 $CuSO_4$ 水溶液中に 0.500 A の電流を 5 分間通じたとき,理論的に陰極に析出する銅の質量を計算しなさい.ただし,銅のモル質量は 63.55 g mol^{-1} である.
1.5 電流を 40 分間通じたところ,銀電量計の陰極上に銀が 8.95 mg 析出した.このときの平均電流を計算しなさい.ただし,銀のモル質量は 107.9 g mol^{-1} である.
1.6 水の電気分解により水素と酸素を製造する電解槽がある.250 g の水を 12 時間で分解するには,電解槽に何アンペア(A)の定電流を通過させる必要があるか計算しなさい.ただし,水のモル質量は 18.02 g mol^{-1} である.
1.7 アルカリ水溶液を 20 分間電気分解したところ,25°C,1 気圧で水素 0.108 dm^3 と酸素 0.0540 dm^3 が発生した.電解槽中を流れた電気量と平均電流を計算しなさい.
1.8 コバルト,亜鉛,鉛の電気化学当量を求めなさい.ただし,コバルト,亜鉛,鉛の反応電子数はそれぞれ 2,2,2,モル質量はそれぞれ 58.93,65.38,207.2 g mol^{-1} である.

第2章 電解質溶液の性質

電気化学セルを構成する主要なものの一つに電解質(electrolyte)がある．電解質は液体，固体，気体のいずれの形態でも存在するが，いずれの場合も電気伝導にあずかるキャリヤー(担体)(carrier)はイオンである．本章では主として液体の電解質溶液(electrolyte solution)をとりあげ，その電気伝導性を中心に，電気伝導率[*1](electric conductivity)，モル電気伝導率(molar electric conductivity，たんにモル伝導率(molar conductivity)ともいう)[*2]，イオンの輸率(transport number, transference number)とイオンの移動度(ionic mobility)，イオン伝導の機構などについて述べる．

2.1 電解質溶液の電気伝導率

電解質溶液中に挿入した2枚の電極間での電位差と電流の間には，金属線などの場合と同様に，オームの法則(Ohm's law)が成り立ち，電解質溶液の電気抵抗(electric resistance) $R\,(\Omega)$ は次式で与えられる．

$$R = \rho(l/A) \tag{2.1}$$

ここで，ρ は電気抵抗率(electric resistivity) $(\Omega\,\mathrm{m})$ で，A は導体の断面積 (m^2)，l は長さ (m) を表すので，電解質溶液の場合，それぞれ電極面積と電極間距離に相当する．電気の通しやすさを示す尺度は電気抵抗率の逆数であり，$1/\rho \equiv \kappa$ は電気伝導率(electric conductivity)または比伝導度(specific conductance) $(\Omega^{-1}\,\mathrm{m}^{-1}$ すなわち $\mathrm{S\,m}^{-1})$ とよばれる．なお，単位Sはジーメンスと読み，オーム (Ω) の逆数である．

$$\kappa = 1/\rho = (1/R)\cdot(l/A) \tag{2.2}$$

[*1] SI(国際単位系)では electrolytic conductivity(電解伝導率)として定義されている．
[*2] 本書では，以下モル伝導率(molar conductivity)を使用する．

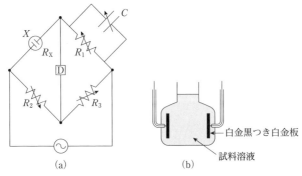

図 2.1 コールラウシュブリッジ(a)と電気伝導率測定セル(b)
X：測定セル，D：平衡点検出器，R_1, R_2, R_3：可変抵抗，C：可変コンデンサー，R_X：セル抵抗．

電解質溶液の電気伝導率を測定するための基本的な回路と典型的な電気伝導率測定セルを図 2.1 に示す．この図のような交流ブリッジはコールラウシュブリッジ (Kohlrausch bridge) とよばれる．直流ではなく 1～10 kHz の交流の電源を用いるのは，電流の方向が速やかに交互に変化するので電気分解や分極[*3] (polarization) の影響が低減されるためである．

実際の測定手順は次の通りである．① セルに電気伝導率が既知の標準液を満たし，平衡点検出器としての検流計 D に電流が流れないように可変抵抗 R_1, R_2, R_3 および可変コンデンサー C を調節して，ブリッジ回路の平衡点を求め，そのときのセルの抵抗 $R_X (= R_1 R_2 / R_3)$ を測定する．② 測定した抵抗値と標準液の電気伝導率を用いて，式 (2.2) から，セル定数（cell constant）とよばれる測定セルに固有の値 l/A (m^{-1}) を求めておく．③ セルに試料溶液を満たし，手順①と②に従って，平衡点におけるセルの抵抗を測定する．④ 測定した抵抗値と先に求めたセル定数を用いて，式 (2.2) から，試料溶液の電気伝導率を求める．なお，セル定数を決定するためには，表 2.1 に示す KCl 水溶液がよく用いられる．

表 2.1 KCl 水溶液の電気伝導率 κ

濃度 c	電気伝導率 κ (S m^{-1})	
(mol dm^{-3})	18°C	25°C
0.010	0.1221	0.1409
0.10	1.117	1.286
1.00	9.784	11.13

[*3] 金属電極を用いて電解質溶液に直流電流を印加すると，電気分解が起こらなくても電極-電解質の界面で電荷の偏りが生じ，電極の電位が変化する．この現象を電気化学的分極 (electrochemical polarization) という (5.2 節参照)．

2.2 モル伝導率

電解質溶液の電気伝導率の値は電解質の濃度によって変化するので，電気伝導性を比べるには，ある一定濃度の電解質溶液で比較しなければならない．この目的に用いられるのが電解質 1 mol 当たりに換算した値であり，モル伝導率（molar conductivity）Λ ($S\,m^2\,mol^{-1}$) とよばれる．これは次式で与えられる．

$$\Lambda = \kappa/1000c \ (S\,m^2\,mol^{-1}) \tag{2.3}$$

ここで，c は電解質の容量モル濃度（$mol\,dm^{-3}$）である．

> **例題 2.1** 25°C で 0.1 $mol\,dm^{-3}$ KCl 水溶液（電気伝導率 $\kappa = 1.286\ S\,m^{-1}$）を満たした電気伝導率測定セルの抵抗が 200 Ω であった．ついでこのセルに 0.05 $mol\,dm^{-3}$ KNO_3 水溶液を満たして抵抗を測定したところ 407 Ω であった．この KNO_3 水溶液の電気伝導率 κ とモル伝導率 Λ の値を求めなさい．
>
> [解] 式(2.2) より
> セル定数 $= l/A = R \times \kappa = 200 \times 1.286 = 257\ m^{-1}$
> このセル定数を用いて，0.05 $mol\,dm^{-3}$ KNO_3 の電気伝導率 κ を計算すると
> $\kappa = 257/407 = 0.631\ S\,m^{-1}$
> 式(2.3) を用いて，モル伝導率 Λ を計算すると
> $\Lambda = \kappa/1000c = 0.631/(1000 \times 0.05) = 0.0126\ S\,m^2\,mol^{-1}$

電解質溶液の濃度の平方根に対してモル伝導率をプロットすると，図 2.2 に示すような二つの異なる型の挙動が現れる．すなわち，HNO_3 や KCl のように実質上直線的な関係が認められる電解質と CH_3COOH のように希薄溶液の極限で縦軸に接するように Λ が急上昇する電解質に分けられる．前者は強電解質（strong electrolyte）とよばれ，後者は弱電解質（weak electrolyte）とよばれる．

強電解質の場合におけるモル伝導率と濃度の平方根との間の直線関係はコールラウシュの平方根則（Kohlrausch's square root law）とよばれ，次のような経験式で表される．

$$\Lambda = \Lambda^\infty - A\sqrt{c} \tag{2.4}$$

ここで，A は定数であり，Λ^∞ は図 2.2 の破線で示すように濃度 0 へ外挿して求められる Λ の値である．この Λ^∞ を無限希釈におけるモル伝導率（molar conduc-

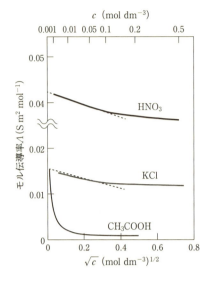

図 2.2 電解質溶液の濃度 c とモル伝導率 Λ の関係（25°C）

tivity at infinite dilution）という．他方，弱電解質の場合には，このようにして Λ^∞ を決定することは難しい．

ところで，どのような電解質であっても，濃度が薄くなるにつれてイオンの周りは溶媒の水が多くなり，無限に希釈された溶液中では各イオンの周りはすべて水のみとなるだろう．このような状態のもとでは，個々のイオンが移動するにあたってほかのイオンの影響を受けないと考えられる．すなわち，カチオンおよびアニオンの無限希釈におけるイオンのモル伝導率（molar conductivity of ion），λ_+^∞，λ_-^∞（S m^2 mol^{-1}）が定義され，一価–一価型の電解質では電解質のモル伝導率 Λ^∞ との間に次式が成立する．

$$\Lambda^\infty = \lambda_+^\infty + \lambda_-^\infty \tag{2.5}$$

この関係はコールラウシュのイオン独立移動の法則（Kohlrausch's law of independent ionic migration）とよばれる．無限希釈におけるイオンのモル伝導率の値は，表 2.2 に示してある．なお，複雑な型の電解質で ν_+ 個のカチオンと ν_- 個のアニオンに解離する場合には，式(2.5) に代わって次式となる．

$$\Lambda^\infty = \nu_+ \lambda_+^\infty + \nu_- \lambda_-^\infty \tag{2.6}$$

表 2.2 の値を用いると，いろいろな電解質の無限希釈におけるモル伝導率を計算で求めることができる．また，弱電解質の無限希釈におけるモル伝導率を強電解質の値から推定することもできる．

表 2.2　無限希釈におけるイオンのモル伝導率 λ_+^∞, λ_-^∞ (S m² mol⁻¹) (25°C)

カチオン	λ_+^∞	アニオン	λ_-^∞
H^+	350.0×10^{-4}	OH^-	199.2×10^{-4}
Li^+	38.8×10^{-4}	Cl^-	76.3×10^{-4}
Na^+	50.1×10^{-4}	Br^-	78.1×10^{-4}
K^+	73.5×10^{-4}	I^-	77.0×10^{-4}
NH_4^+	73.5×10^{-4}	ClO_4^-	67.2×10^{-4}
$(CH_3)_4N^+$	44.4×10^{-4}	NO_3^-	71.4×10^{-4}
$(C_2H_5)_4N^+$	32.1×10^{-4}	$HCOO^-$	54.6×10^{-4}
Ag^+	62.1×10^{-4}	CH_3COO^-	40.8×10^{-4}
$1/2\ Mg^{2+}$	53.1×10^{-4}	$1/2\ CO_3^{2-}$	69.3×10^{-4}
$1/2\ Ca^{2+}$	59.0×10^{-4}	$1/2\ SO_4^{2-}$	80.0×10^{-4}
$1/2\ Cu^{2+}$	53.6×10^{-4}	$1/3\ [Fe(CN)_6]^{3-}$	100.9×10^{-4}
$1/3\ La^{3+}$	69.7×10^{-4}	$1/4\ [Fe(CN)_6]^{4-}$	110.5×10^{-4}

(注)　多価イオンについては λ_+^∞/z_+, $\lambda_-^\infty/|z_-|$ の値を示してある.

2.3　イオン解離

電解質が水溶液中で部分的にイオン解離（ionic dissociation）している，すなわち電離（electrolytic dissociation）しているという考えは，アレニウスの電離説（Arrhenius theory of electrolytic dissociation）から始まる．この説によれば，電解質 BA が水に溶解すると次式のようにカチオン B^+ とアニオン A^- に解離し，一部はもとのままの BA として存在する．

$$BA \rightleftarrows B^+ + A^- \tag{2.7}$$

先にも述べたように，電解質溶液を希釈していくと最終的にはすべての電解質は完全にイオンに解離し，そのモル伝導率は無限希釈におけるモル伝導率と一致するはずである．そこで，アレニウス（Arrhenius）は未解離の電解質粒子を含んでいる溶液中の溶質のモル伝導率 Λ と無限希釈におけるモル伝導率 Λ^∞ の比は電解質の解離度（degree of dissociation）α を示すと考えた．

$$\alpha = \Lambda/\Lambda^\infty \tag{2.8}$$

たとえば，一価-一価型電解質 BA がイオン解離する際，最初 BA の濃度が c であるとすると平衡状態下での未解離の分子 BA の濃度は $(1-\alpha)c$ であり，解離したイオン B^+ と A^- の濃度はいずれも αc である．そこで，式(2.7)の濃度項を用いて表した平衡定数（equilibrium constant）K_c は次のようになる．

$$K_c = [B^+][A^-]/[BA] = \alpha c \cdot \alpha c/(1-\alpha)c = \alpha^2 c/(1-\alpha)$$
$$= \Lambda^2 c/\Lambda^\infty(\Lambda^\infty - \Lambda) \tag{2.9}$$

一価-一価型電解質の溶液の Λ を測定し，ついで式(2.8) を用いて解離度 α を計算し，さらに式(2.9) を用いて解離の平衡定数 K_c を求めることができる．このようにして実験的に求められた種々の濃度での平衡定数 K_c は弱電解質については低濃度域でほぼ一定した値となるが，強電解質については一般に一定した値が得られない．平衡定数は一定圧力のもとでは温度のみに依存するはずであるので，イオン解離の理論はイオン濃度が低い弱電解質についてのみ実験的にほぼ正しいということができる．

2.4 イオンの輸率と移動度

電解質溶液中を電流が流れるとき，その電荷はカチオンとアニオンが反対方向に動くことによって運ばれるが，各イオンによって運ばれる電流の割合をそのイオンの輸率（transport number, transference number）という．各イオンによって運ばれる電流の割合は各イオンの寄与からなる電気伝導率の割合に対応するので，式(2.5) から，無限希釈におけるカチオンとアニオンの輸率 t_+^∞, t_-^∞ は次のように表される．

$$t_+^\infty = \lambda_+^\infty/\Lambda^\infty \qquad t_-^\infty = \lambda_-^\infty/\Lambda^\infty$$
$$t_+^\infty + t_-^\infty = 1 \tag{2.10}$$

輸率の測定法にはいくつかの方法があるが，中でもよく用いられるものにヒットルフ（Hittorf）の方法がある．これは電解質溶液中を電流が流れることによって生ずる電極付近の濃度変化から輸率を求めるものである．HCl の輸率の測定を例としてとりあげ，その原理を図 2.3(a) に示す．いま，1 ファラデー（1 F）[*4] の電流を流した場合を考えると，陰極室では $H^+ + e^- \rightarrow 1/2\,H_2$ で表される電極反応により 1 mol の H^+ が減少する．また，輸送効果により t_+ mol の H^+ が増加し，t_- mol の Cl^- が減少する．したがって，陰極室での正味の H^+ の変化は $-1 + t_+ = -(1 - t_+) = -t_-$ mol，Cl^- の変化は $-t_-$ mol となり，結局 t_- mol の HCl が減少することになる．他方，陽極室では $Cl^- \rightarrow 1/2\,Cl_2 + e^-$ で表され

[*4] 電気量の単位にファラデー（F）を用いるのは SI 定義になく，あくまで便宜的使用であることに注意されたい．ここでは 96 485 C の電気量をさす（第 1 章参照）．

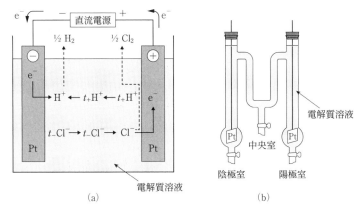

図 2.3 ヒットルフ法による輸率測定の原理(a)と測定セル(b)

る電極反応により 1 mol の Cl^- が減少する．また，輸送効果により t_+ mol の H^+ が減少し，t_- mol の Cl^- が増加する．したがって，陽極室での正味の H^+ の変化は $-t_+$ mol，Cl^- の変化は $-1+t_- = -(1-t_-) = -t_+$ mol となり，結局 t_+ mol の HCl が減少することになる．

このように，通過電気量 1 ファラデー当たり陰極室では t_- mol の HCl が減少するので，Q クーロンすなわち Q/F ファラデーの電気量が測定セルを通過した場合にはアニオンの輸率は次式を用いて計算できる．

$$t_- = \Delta n_c / (Q/F) \tag{2.11}$$

ここで，Δn_c は通電前後の陰極室における電解質 HCl の正味の変化物質量（モル数）である．なお，カチオンの輸率は陽極室における電解質の正味の変化物質量から同様にして求めることができるが，$t_+ + t_- = 1$ の関係から計算で求めることもできる．いくつかの輸率の測定値を表 2.3 に示す．この値はイオン間の相互作用の影響もあり，濃度によって変化する．

表 2.3 水溶液中のカチオンの輸率 t_+（25°C）

電解質	濃度 (mol dm^{-3})				
	0	0.01	0.05	0.1	0.2
HCl	0.8209	0.8251	0.8292	0.8314	0.8337
NaCl	0.3963	0.3918	0.3876	0.3853	0.3821
KCl	0.4906	0.4902	0.4899	0.4898	0.4894
KNO$_3$	0.5072	0.5084	0.5093	0.5103	0.5120

表 2.4 無限希釈におけるイオンの移動度 μ_+^∞, μ_-^∞ ($m^2 V^{-1} s^{-1}$) (25°C)

カチオン	μ_+^∞	アニオン	μ_-^∞
H^+	36.3×10^{-8}	OH^-	20.6×10^{-8}
Li^+	4.02×10^{-8}	Cl^-	7.91×10^{-8}
Na^+	5.19×10^{-8}	Br^-	8.09×10^{-8}
K^+	7.62×10^{-8}	I^-	7.96×10^{-8}
NH_4^+	7.62×10^{-8}	CH_3COO^-	4.23×10^{-8}

次に,電場が存在するときのイオンの移動速度について考えてみよう.イオンが電場の下で移動する速度は,電場の強さ E ($V m^{-1}$) に比例するから

$$v_+ = \mu_+ E \quad v_- = \mu_- E \tag{2.12}$$

で表される.ここで,v_+ と v_- はそれぞれカチオンとアニオンの移動速度 ($m s^{-1}$) である.また,比例係数 μ^+ と μ^- は単位電場当たりのイオンの移動速度であり,それぞれカチオンとアニオンの移動度 (ionic mobility) とよばれる.これは $m^2 V^{-1} s^{-1}$ の単位をもち,イオンの動きやすさを表す尺度となる.

また,カチオンとアニオンの移動度はモル伝導率 Λ との間に次の関係がある.

$$\Lambda = F(\mu_+ + \mu_-) \tag{2.13}$$

この関係は非常に希薄な溶液にも,濃い溶液にも適用できる.無限希釈におけるカチオンとアニオンの移動度をそれぞれ μ_+^∞ と μ_-^∞ とすると,Λ^∞ は次のようになる.

$$\Lambda^\infty = F(\mu_+^\infty + \mu_-^\infty) \tag{2.14}$$

式 (2.5) の関係と対応させると,一価-一価型の電解質の場合には,次の関係があることがわかる.

$$\lambda_+^\infty = F\mu_+^\infty \quad \lambda_-^\infty = F\mu_-^\infty \tag{2.15}$$

したがって,各イオンの無限希釈における移動度は,表 2.2 の値を用いて式 (2.15) から計算で求められる.そのようにして求めたいくつかの値を表 2.4 に示す.

2.5　イオン伝導の機構

電解質溶液中では,電解質はカチオンとアニオンに解離し,生じたカチオンは静電力によりアニオンをその周りに引き寄せ,ほかのカチオンを遠くへ押しやる.このような静電力はイオンの熱運動によってある程度まで相殺されるが,結局,カチ

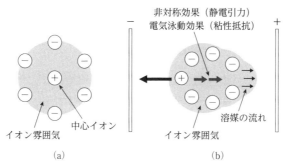

図 2.4 イオン雰囲気の模型(a)と電場の存在下における
イオンの移動のようす(b)

オンはアニオンを多く含むイオン雰囲気（ionic atmosphere）によって取り囲まれており，逆にアニオンはカチオンを多く含むイオン雰囲気によって取り囲まれている．イオン雰囲気は電解質の濃度が高くなるほど重要になる．

図 2.4 にイオン雰囲気の模型と電場の存在下におけるイオンの移動のようすを示す．

電場が加えられると，カチオンは陰極のほうへ，アニオンは陽極のほうへ移動しようとする．中心イオンの移動に伴ってもとのイオン雰囲気が壊れ，新しい雰囲気が生じるが，このようなイオン雰囲気の再構築には時間がかかるため，雰囲気の形は非対称となる．したがって中心イオンの背後には反対符号の電荷が多くなり，それによって静電的な引力を受ける結果，電場の方向への中心イオンの移動速度が低下する．このような遅延効果を非対称効果（asymmetry effect）という．また，イオン雰囲気を形成している各イオンも電場の存在下では中心イオンと反対の方向に移動しようとする．これらのイオンは溶媒和（solvation）しているから，溶媒分子を伴って移動する．そのため中心イオンは溶媒の流れに逆らって移動することになり，溶媒の粘性による抵抗を受ける．このようなイオンの移動に対する遅延効果を電気泳動効果（electrophoretic effect）という．

H^+ と OH^- の移動度は，表 2.4 からわかるように，ほかのイオンに比べて非常に高い値になっている．これは，H^+ と OH^- が溶媒である水の解離生成物であり，水分子が仲立ちをして移動するという，ほかのイオンとは異なった機構で電気伝導にあずかるからである．H^+ は強く溶媒和し，水中ではヒドロニウムイオン（hydronium ion）H_3O^+ となっている．そして H_3O^+ の三つの O—H 結合はすべて等

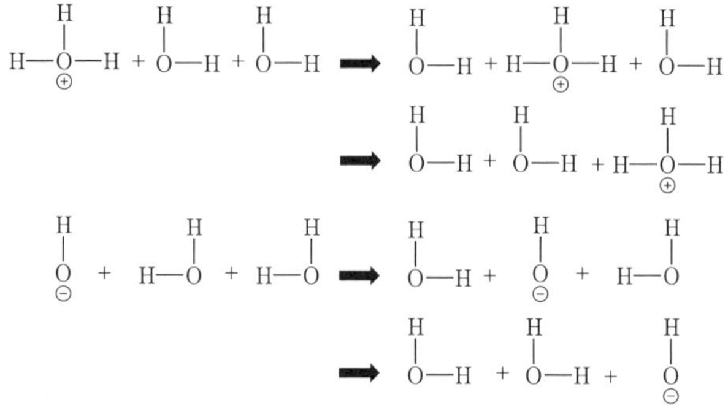

図 2.5 水中における H^+ と OH^- の移動機構

価であり区別することはできない．このヒドロニウムイオンは図 2.5 のようにして H^+ を隣接水分子へ移動させることができる．これはプロトンジャンプ機構（proton jump mechanism）とよばれる．水中における OH^- の高い移動度についても同じような機構で説明できる．

演 習 問 題

2.1 25°C で 0.100 mol dm^{-3} KCl 水溶液（電気伝導率 $\kappa = 1.286$ S m^{-1}）を満たした電気伝導率測定セルの抵抗が 187 Ω であった．ついでこのセルに 0.200 mol dm^{-3} NaOH 水溶液を満たして抵抗を測定したところ 56.5 Ω であった．この NaOH 水溶液の電気伝導率 κ とモル伝導率 Λ の値はいくらか．

2.2 弱電解質の無限希釈におけるモル伝導率は強電解質の値から推定することができる．CH_3COOH の無限希釈におけるモル伝導率を求めなさい．ただし，CH_3COONa，HCl および NaCl の無限希釈におけるモル伝導率はそれぞれ 0.009 10，0.042 62，0.012 65 S m^2 mol^{-1} である．

2.3 25°C における $Ca(OH)_2$ の無限希釈におけるモル伝導率 Λ^∞ を計算で求めなさい．ただし，無限希釈における $(1/2)Ca^{2+}$ と OH^- のモル伝導率 $(1/2)\lambda_+^\infty$，λ_-^∞ の値はそれぞれ 59.0×10^{-4} S m^2 mol^{-1}，199.2×10^{-4} S m^2 mol^{-1} である．

2.4 25°C で 0.100 mol dm^{-3} KCl 水溶液（電気伝導率 $\kappa = 1.286$ S m^{-1}）を満たした電気伝導率測定セルの抵抗が 1555 Ω であった．また，このセルに 0.500 mol dm^{-3} ギ酸水溶液を満たしたときの抵抗は 787 Ω であった．これに関連して次の問いに答えなさい．ただし，無限希尺における H^+ と $HCOO^-$ のモル伝導率 λ_+^∞，λ_-^∞ の値はそれぞれ 350.0×10^{-4} S m^2 mol^{-1}，54.6×10^{-4} S m^2 mol^{-1} である．
  （1） このギ酸水溶液の電気伝導率はいくらか．
  （2） このギ酸水溶液のモル伝導率はいくらか．

（3） 無限希釈における H^+ と $HCOO^-$ のモル伝導率の値を用い，このギ酸水溶液中のギ酸の解離度およびギ酸の解離の平衡定数を求めなさい．

（4） このギ酸水溶液中のカチオンとアニオンの移動度を計算しなさい．

2.5 不活性電極を使用し，隔膜によって仕切られた三室型電解セルがある．各室には $0.500 \ mol \ dm^{-3}$ $CdCl_2$ 水溶液が $2.00 \ dm^3$ ずつ満たされている．このセルに $1.20 \ A$ の電流を3時間40分通じた後では，陽極室と陰極室の Cd^{2+} の物質量（モル数）はどのようになっているか．ただし，陰極上で放電した Cd^{2+} は Cd としてすべて析出するものとする．また Cd^{2+} の輸率は0.301で，隔膜はイオンの輸率に影響を与えないものとする．

2.6 イオン雰囲気の模型と電場の存在下におけるイオンの移動のようすを図に描いて簡単に説明しなさい．

2.7 水溶液中で H^+ と OH^- の移動度はほかのイオンの移動度と比較して，はるかに高い値である．なぜそうなるのか，その理由を説明しなさい．

2.8 水を溶媒とする電解質溶液以外でイオン伝導性を示す物質（非水溶媒電解質）を例示し，それらを用いた電気化学デバイスについて説明しなさい．

第 3 章

電池の起電力と電極電位

　本章では，電池の起電力（electromotive force）につづいて，電極と電解質溶液との界面に生ずる電位差（potential difference）について述べる．電気化学セル中における電位差では電極と電解質溶液の界面の電位差がもっとも重要であり，この電位差がセル中で生ずる電気化学的現象に大きな影響を及ぼす．電極と電解質溶液の界面で進行する反応に関与する化学種の活量（activity）と電極電位（electrode potential）の関係を示すネルンスト式（Nernst equation）は非常に重要な式であり，本章ではこの式との関連で説明することが多い．

3.1 電池起電力

3.1.1 電池の表示法と電池起電力

　化学電池（chemical cell）は，電池内で酸化還元反応が自発的に進行し，その結果生ずるエネルギーを，直接，電気エネルギーに変換して外部に取り出すものである．

　図 3.1 に示すダニエル電池（Daniell cell）を例にとって，電池が放電する際の反応を考えてみよう．この電池では負極（Zn 極）で式(3.1)の酸化反応が，正極（Cu 極）で式(3.2)の還元反応が自発的に進行する．

$$Zn \longrightarrow Zn^{2+} + 2\,e^- \tag{3.1}$$

$$Cu^{2+} + 2\,e^- \longrightarrow Cu \tag{3.2}$$

そして，電池の全反応は次式で示される．

$$Zn + Cu^{2+} \longrightarrow Zn^{2+} + Cu \tag{3.3}$$

この反応が進行する際に，電子は外部回路を Zn 極から Cu 極の方向に進む．

　電池を表す場合には，国際的な規約で，放電時に酸化反応が起こる電極（負極（negative electrode），アノード（anode））を左側に，還元反応が起こる電極（正

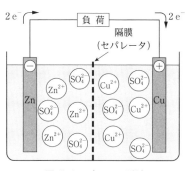

図 3.1 ダニエル電池

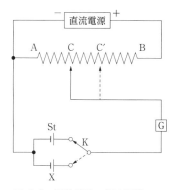

図 3.2 電位差計の測定回路
G：検流計，St：標準電池，
X：試験電池，K：スイッチ．

極（positive electrode），カソード（cathode））を右側に書くことになっている．そのため，ダニエル電池を表す式は，

$$(-)\text{Zn} \mid \text{Zn}^{2+} \mid \text{Cu}^{2+} \mid \text{Cu}(+) \tag{3.4}$$

と書かれる．この場合，| は電池を構成している相の界面を示す．

また，電池の起電力 U についても国際的な規約があり，電池を表す式の右側の電極の電位 $E_右$ から左側の電極の電位 $E_左$ を差し引いた電位差で示すことになっている．

$$U = E_右 - E_左 \tag{3.5}$$

したがって，左側の電極から電子が放出され，外部回路を通って右側の電極で電子が受け取られる場合，起電力は正である．

電池の起電力は，電流が流れると低下するので，電流が流れない状態で測定しなければならない．このような目的のために，従来，図 3.2 に示すような電位差計（potentiometer）を使用する方法がとられてきた．測定の際には，まずスイッチ K を標準電池（standard cell）St の側に入れて AB 間の抵抗上の接点を移動させ，検流計 G を用いて平衡点を求める．平衡点では，標準電池の起電力は AC 間の抵抗による IR とつりあっている．次にスイッチ K を試験電池 X の側に切り換え，AB 上の新しい平衡 C′ 点を求める．試験電池 X の起電力は［標準電池の起電力 × (AC′/AC)］から決定される．なお，標準電池としてよく用いられるのは，電池構成が Cd(Hg)｜CdSO$_4$·(8/3) H$_2$O，Hg$_2$SO$_4$｜Hg で表されるウェストン電池（Weston cell）である．この標準電池は 25°C で 1.01837 V の起電力を示す．な

お，最近では，高い精度を要する電圧測定には，電子回路による基準電圧発生装置や高精度のデジタル電圧計が用いられている．

3.1.2 電池起電力の熱力学的計算

もし電池反応が可逆的に進むならば，外部回路に対してなされる電気的仕事は最大となる．このような電池において，起電力 U に抗して n mol の電子が運ばれるときの電気的仕事は（電荷）×（電圧）$= nFU$ であり，これは電池反応に伴うギブズエネルギーの減少量 $-\Delta G$ に等しい．すなわち，

$$-\Delta G = nFU \tag{3.6}$$

ここで，電池反応が自発的に進行する方向に書かれれば，$\Delta G < 0$，$U > 0$ となることに注意されたい．

電池反応も一般の化学反応と同じように，次式で表される．

$$a\mathrm{A} + b\mathrm{B} + \cdots\cdots \rightleftarrows x\mathrm{X} + y\mathrm{Y} + \cdots\cdots \tag{3.7}$$

この電池反応で各化学種の活量が 1 の場合[*1]におけるギブズエネルギー変化を $\Delta G°$ で示すと，電池反応に伴うギブズエネルギーの減少量 ΔG と各化学種の活量 a_i との間には次の関係がある．

$$\Delta G = \Delta G° + RT \ln(a_\mathrm{X}{}^x a_\mathrm{Y}{}^y \cdots\cdots / a_\mathrm{A}{}^a a_\mathrm{B}{}^b \cdots\cdots) \tag{3.8}$$

この式に先の式(3.6)を代入して整理すると，電池の起電力 U についての次式が得られる．

$$\begin{aligned} U &= U° - (RT/nF)\ln(a_\mathrm{X}{}^x a_\mathrm{Y}{}^y \cdots\cdots / a_\mathrm{A}{}^a a_\mathrm{B}{}^b \cdots\cdots) \\ &= U° + (RT/nF)\ln(a_\mathrm{A}{}^a a_\mathrm{B}{}^b \cdots\cdots / a_\mathrm{X}{}^x a_\mathrm{Y}{}^y \cdots\cdots) \end{aligned} \tag{3.9}$$

ここで，$U°$ は電池系の標準ギブズエネルギー変化 $\Delta G°$ と対応しており，電池の標準起電力（standard electromotive force）とよばれる．常用対数を用いると，25°C では，$2.3RT/nF$ は $0.059/n$ ボルト（V）と計算されるので，式(3.9)は次のようになる．

$$U = U° + (0.059/n)\log(a_\mathrm{A}{}^a a_\mathrm{B}{}^b \cdots\cdots / a_\mathrm{X}{}^x a_\mathrm{Y}{}^y \cdots\cdots) \quad (25°\mathrm{C}) \tag{3.10}$$

これらはネルンスト式（Nernst equation）とよばれ，電気化学では非常に重要な式である．

[*1] 標準状態（standard state）という．

例題 3.1 $Zn|Zn^{2+}(a=0.6)|Cu^{2+}(a=0.2)|Cu$ で表される電池の 25°C における起電力を求めなさい．ただし，この電池の 25°C における標準起電力 $U°$ は 1.100 V である．

[**解**] この電池の電池反応は式(3.3)で示される．Zn と Cu の活量は 1，反応電子数 n は 2 であるので，式(3.10)より

$$U = U° + (0.059/n)\log(a_{Cu^{2+}}/a_{Zn^{2+}})$$
$$= 1.100 + (0.059/2)\log(0.2/0.6) = 1.086 \text{ V}$$

3.1.3 標準起電力と熱力学データ

電池反応に関係する化学種の活量がすべて 1 である場合，すなわち標準状態においては，電池の標準起電力 $U°$ と標準ギブズエネルギー変化 $\Delta G°$ との間に次の関係式が成立する．

$$U° = -\Delta G°/nF \tag{3.11}$$

熱力学では，ギブズエネルギー変化 ΔG はエンタルピー変化 ΔH およびエントロピー変化 ΔS と次のような関係がある．

$$\Delta G = \Delta H - T\Delta S \tag{3.12}$$

この式に式(3.6)で示される $-\Delta G = nFU$ の関係および式(3.13)で示されるギブズ-ヘルムホルツ式（Gibbs-Helmholtz equation）を代入すると，系のエンタルピー変化と電池起電力（electromotive force of a cell）ならびに起電力の温度変化 $(\partial U/\partial T)_P$ との間に式(3.14)の関係が得られる．

$$[\partial(\Delta G)/\partial T]_P = -\Delta S \quad \text{すなわち} \quad \Delta S = nF(\partial U/\partial T)_P \tag{3.13}$$

$$\Delta H = \Delta G + T\Delta S = -nFU + nFT(\partial U/\partial T)_P \tag{3.14}$$

もし式(3.7)の電池反応が平衡状態にあれば式(3.8)で $\Delta G = 0$ となるから，この電池反応の平衡定数（equilibrium constant）を $K (= a_X{}^x a_Y{}^y \cdots / a_A{}^a a_B{}^b \cdots)$ とすると，次式が成立する．

$$\Delta G° = -RT \ln K \tag{3.15}$$

したがって，式(3.11)と式(3.15)から標準起電力 $U°$ と平衡定数 K との間に次の関係が得られる．

$$U° = (RT/nF)\ln K \tag{3.16}$$

以上のような関係式を用いると，電池の起電力とその温度変化を測定することによって，熱量測定をするよりもずっと容易に熱力学データが求められる．

例題 3.2 ダニエル電池の反応（式(3.3)）の 25°C における標準ギブズエネルギーの変化量は熱力学データから -212.3 kJ であることが知られている．この電池の 25°C における標準起電力を求めなさい．

[解] 式(3.11) より
$$U° = -\Delta G°/nF = (212.3 \times 10^3)/(2 \times 96\,485) = 1.100 \text{ V}$$

3.2 電 極 電 位

3.2.1 電 極 の 種 類

電気化学セルで，たとえば $Zn\,|\,Zn^{2+}\,|\,Cu^{2+}\,|\,Cu$ で表される電池には二つの電極系，すなわち $Zn^{2+}\,|\,Zn$ 電極と $Cu^{2+}\,|\,Cu$ 電極が組み合わされている．このような電極系は半電池（half cell）ともよばれる．以下にいくつかの例を挙げておこう．

a. 金属-金属イオン電極 この電極系は，金属とそのイオンを含む電解質溶液からなり，一般に $M^{n+}\,|\,M$ で表される．たとえば，亜鉛電極は $Zn^{2+}\,|\,Zn$ と表され，電極（半電池）反応は次式で示される．

$$Zn^{2+} + 2\,e^- \rightleftarrows Zn \tag{3.17}$$

b. 気体電極 この電極系は，白金のような不溶性金属を電解質溶液と気体に接触させてつくられる．代表例は水素電極（hydrogen electrode）$H^+\,|\,H_2\,|\,Pt$ であり，その構造を図 3.3 に示す．電極反応は次式で表される．

$$2\,H^+ + 2\,e^- \rightleftarrows H_2 \tag{3.18}$$

c. 酸化還元電極 この電極系は，白金のような不溶性金属を Fe^{3+} と Fe^{2+} のように酸化状態の異なるイオンを含む溶液に浸漬すると得られる．この例の電極は

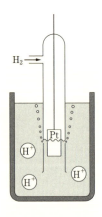

図 3.3 水素電極

$Fe^{3+}, Fe^{2+} | Pt$ と表され，電極反応は次式で示される．

$$Fe^{3+} + e^- \rightleftarrows Fe^{2+} \tag{3.19}$$

d. 金属−難溶性塩電極　この電極系では，金属がその金属の難溶性塩と接触しており，さらにこの難溶性塩がその塩を構成するアニオンを含む溶液と接触している．この例は銀−塩化銀電極（silver-silver chloride electrode）$Ag | AgCl | Cl^-$ やカロメル電極（calomel electrode）$Hg | Hg_2Cl_2 | Cl^-$ であり，いずれも後述する参照電極（reference electrode）としてよく用いられる．これらの電極反応は次式で表される．

$$AgCl + e^- \rightleftarrows Ag + Cl^- \tag{3.20}$$
$$Hg_2Cl_2 + 2e^- \rightleftarrows 2Hg + 2Cl^- \tag{3.21}$$

e. 金属−難溶性酸化物電極　この電極系は，金属−難溶性塩電極の難溶性塩の代わりに難溶性酸化物を用いたものである．この例は酸化水銀(Ⅱ)電極（mercury(Ⅱ) oxide (mercuric oxide) electrode）$Hg | HgO | OH^-$ であり，アルカリ水溶液に対する参照電極としてよく用いられる．電極反応は次式で表される．

$$HgO + H_2O + 2e^- \rightleftarrows Hg + 2OH^- \tag{3.22}$$

3.2.2　標準水素電極と標準電極電位

電極の電位は単独では測定できず，ほかの電極と組み合わせて一つの電池を構成させ，その電池の起電力を測定することによって知ることができる．この場合に，水溶液中における参照電極として用いられる電極は

$$Pt | H_2(p_{H_2} = 1 \text{ atm}) | H^+(a_{H^+} = 1) \tag{3.23}$$

で示されるような標準状態（$p_{H_2} = 1$ atm, $a_{H^+} = 1$）にある水素電極であり，これは標準水素電極（standard hydrogen electrode, SHE または normal hydrogen electrode, NHE）とよばれる．標準水素電極の電位はすべての温度において 0 V と規定する．そして，この標準水素電極と対象とする電極を組み合わせた電池の起電力を測定して，対象とする電極の電位を決定する．このような標準状態における電極電位は標準電極電位（standard electrode potential）$E°$ とよばれる．種々の電極系についての標準電極電位を表3.1に示してある．

以上で述べた内容は，国際純正・応用化学連合（IUPAC）による表現を用いると，"電極電位とは，左側に標準水素電極をもち，右側に対象とする電極をもった電池の起電力である"ということになる．

表 3.1　標準電極電位（25°C）

電極	電極反応	$E°$ (V $vs.$ SHE)
$Li^+\|Li$	$Li^+ + e^- \rightleftarrows Li$	-3.045
$K^+\|K$	$K^+ + e^- \rightleftarrows K$	-2.925
$Na^+\|Na$	$Na^+ + e^- \rightleftarrows Na$	-2.714
$Mg^{2+}\|Mg$	$Mg^{2+} + 2e^- \rightleftarrows Mg$	-2.356
$Al^{3+}\|Al$	$Al^{3+} + 3e^- \rightleftarrows Al$	-1.676
$OH^-\|H_2\|Pt$	$2H_2O + 2e^- \rightleftarrows H_2 + 2OH^-$	-0.828
$Zn^{2+}\|Zn$	$Zn^{2+} + 2e^- \rightleftarrows Zn$	-0.7626
$Fe^{2+}\|Fe$	$Fe^{2+} + 2e^- \rightleftarrows Fe$	-0.44
$Cd^{2+}\|Cd$	$Cd^{2+} + 2e^- \rightleftarrows Cd$	-0.4025
$Ni^{2+}\|Ni$	$Ni^{2+} + 2e^- \rightleftarrows Ni$	-0.257
$Sn^{2+}\|Sn$	$Sn^{2+} + 2e^- \rightleftarrows Sn$	-0.1375
$Pb^{2+}\|Pb$	$Pb^{2+} + 2e^- \rightleftarrows Pb$	-0.1263
$H^+\|H_2\|Pt$	$2H^+ + 2e^- \rightleftarrows H_2$	0（定義）
$Sn^{4+}, Sn^{2+}\|Pt$	$Sn^{4+} + 2e^- \rightleftarrows Sn^{2+}$	$+0.15$
$Cu^{2+}, Cu^+\|Pt$	$Cu^{2+} + e^- \rightleftarrows Cu^+$	$+0.159$
$Cu^{2+}\|Cu$	$Cu^{2+} + 2e^- \rightleftarrows Cu$	$+0.340$
$Fe(CN)_6^{3-}, Fe(CN)_6^{4-}\|Pt$	$Fe(CN)_6^{3-} + e^- \rightleftarrows Fe(CN)_6^{4-}$	$+0.361$
$Pt\|O_2\|OH^-$	$O_2 + 2H_2O + 4e^- \rightleftarrows 4OH^-$	$+0.401$
$Pt\|I_2\|I^-$	$I_2 + 2e^- \rightleftarrows 2I^-$	$+0.5355$
$Fe^{3+}, Fe^{2+}\|Pt$	$Fe^{3+} + e^- \rightleftarrows Fe^{2+}$	$+0.771$
$Ag^+\|Ag$	$Ag^+ + e^- \rightleftarrows Ag$	$+0.7991$
$Pt\|Br_2\|Br^-$	$Br_2 + 2e^- \rightleftarrows 2Br^-$	$+1.0652$
$Pt\|O_2\|H_2O$	$O_2 + 4H^+ + 4e^- \rightleftarrows 2H_2O$	$+1.229$
$Pt\|Cl_2\|Cl^-$	$Cl_2 + 2e^- \rightleftarrows 2Cl^-$	$+1.3583$
$Ce^{4+}, Ce^{3+}\|Pt$	$Ce^{4+} + e^- \rightleftarrows Ce^{3+}$	$+1.72$
$Co^{3+}, Co^{2+}\|Pt$	$Co^{3+} + e^- \rightleftarrows Co^{2+}$	$+1.92$
$Pt\|F_2\|F^-$	$F_2 + 2e^- \rightleftarrows 2F^-$	$+2.87$

3.2.3　電極電位の熱力学的計算

電極の電位は電極反応に関与する化学種の活量によって決まり，ネルンスト式を適用して計算することができる．前述の国際協約に従い電池構成が

$$Pt | H_2(p_{H_2} = 1 \text{ atm}) | H^+(a_{H^+} = 1) | X^+ | X \tag{3.24}$$

で表される場合を例にとって考えてみよう．この電池反応は式(3.25)で示され，ネルンスト式を適用すると，$p_{H_2} = 1$，$a_{H^+} = 1$ であるから，この電池の起電力は式(3.26)のようになる．

$$1/2\,H_2 + X^+ \longrightarrow H^+ + X \tag{3.25}$$

$$U = U° + (RT/F)\ln(p_{H_2}^{1/2} a_{X^+} / a_{H^+} a_X)$$

$$= U° + (RT/F)\ln(a_{X^+}/a_X) \tag{3.26}$$

これは電池 $Pt|H_2|H^+|X^+|X$ の起電力であり，また標準水素電極の電位は 0 V であるので半電池 $X^+|X$ の電極電位でもある．このように，標準水素電極と組み合わせれば，単極の電極電位もネルンスト式を適用して簡単に計算できることがわかるであろう．金属-金属イオン電極 $M^{n+}|M$ を例にとると，純粋な固体の活量は 1（ここでは $a_M = 1$）であるから，この単極の反応および電位はそれぞれ式 (3.27)，式 (3.28) で示される．

$$M^{n+} + n\,e^- \rightleftarrows M \tag{3.27}$$

$$E = E° + (RT/nF)\ln(a_{M^{n+}}/a_M) = E° + (RT/nF)\ln a_{M^{n+}} \tag{3.28}$$

同様な考えにより，一般に式 (3.29) のように酸化還元反応する単極の電位（平衡電位 (equilibrium potential) という）は，式 (3.30) で与えられる．

$$O + n\,e^- \rightleftarrows R \tag{3.29}$$

$$E = E° + (RT/nF)\ln(a_O/a_R) \tag{3.30}$$

ここで，O は酸化体，R は還元体を表す．このようなネルンスト式を用いて，表 3.1 の標準電極電位と電極反応に関与する化学種の活量から，単極の電位を求めることができる．なお，電池起電力の単位は V であるが，電極電位は一般に標準水素電極を基準とした相対値であるので，その単位は V vs. SHE となることに注意されたい．

なお，式量電位 (formal potential) $E°'$ という用語があるが，これは化学種の活量 $a(=\gamma c)$ の代わりに濃度 c で表したときの標準電極電位 $E°$ に相当し，次式の関係がある．

$$E°' = E° + (RT/nF)\ln(\gamma_O/\gamma_R) \tag{3.31}$$

ここで，γ_O，γ_R はそれぞれ酸化体と還元体の活量係数 (activity coefficient) を示す．この場合，式 (3.29) で示される単極の平衡電位は，式 (3.30) に代わって，次式で表される．

$$E = E°' + (RT/nF)\ln(c_O/c_R) \tag{3.32}$$

> **例題 3.3** $Zn|Zn^{2+}(a=0.6)|Cu^{2+}(a=0.2)|Cu$ で表される電池の 25°C における Zn 極と Cu 極の電位を求めなさい．ただし，標準電極電位 $E°$ は $E°(Zn^{2+}|Zn) = -0.763$ (V vs. SHE)，$E°(Cu^{2+}|Cu) = +0.340$ (V vs. SHE) である．

[解] Zn と Cu の活量は 1，反応電子数は 2 であるので，式(3.28) より
Zn 極の電位を決定する反応： $Zn^{2+} + 2e^- \rightleftarrows Zn$
$$E = E° + (RT/2F)\ln(a_{Zn^{2+}}/a_{Zn}) = E° + (RT/2F)\ln a_{Zn^{2+}}$$
$$= -0.763 + (0.059/2)\log 0.6 = -0.770 \ (V\ vs.\ SHE)$$
Cu 電極の電位を決定する反応： $Cu^{2+} + 2e^- \rightleftarrows Cu$
$$E = E° + (RT/2F)\ln(a_{Cu^{2+}}/a_{Cu}) = E° + (RT/2F)\ln a_{Cu^{2+}}$$
$$= +0.340 + (0.059/2)\log 0.2 = +0.319 \ (V\ vs.\ SHE)$$

3.2.4 参照電極

電極の電位を決定するのに用いる基準とすべき電極は標準水素電極（SHE）であるが，この電極は水素を必要とし，水素イオンの濃度（活量）をつねに一定にしなければならないなどの面倒さがある．そこで，標準水素電極基準の電位があらかじめ知られている電極系を用いて，測定対象の電極系と電池を組んで起電力すなわち測定電極の電位をはかることができれば都合がよい．このような目的に使用される電極を参照電極（reference electrode）という．

参照電極のうち，電位の安定性，使いやすさの点から，現在もっともよく用いられているのは銀-塩化銀電極（Ag｜AgCl｜Cl⁻）である．以前によく用いられていた飽和カロメル電極（saturated calomel electrode, SCE）は，環境汚染に関係する水銀化合物を用いているため，現在ではあまり用いられなくなっている．銀-塩化銀電極はカロメル電極に比べて高温まで使用でき，作製も取扱いも容易である．これらの電極の構造を図 3.4 に示す．銀-塩化銀電極やカロメル電極では，後述するような塩橋作用によって電解質溶液と電極内の KCl 水溶液との間で液間電位

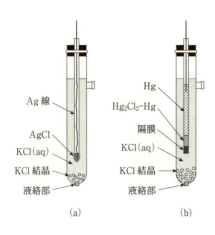

図 3.4　参照電極
(a) 飽和銀-塩化銀電極
(b) 飽和カロメル電極

表 3.2 主な参照電極の電位 (25°C)

参照電極	構成	電位 E (V vs. SHE)	電位 E (V vs. Ag/AgCl)
標準水素電極	Pt｜$H_2(p_{H_2} = 1\ \text{atm})$｜$H^+(a_{H^+} = 1)$	0	-0.197
飽和銀-塩化銀電極	Ag｜AgCl｜KCl (飽和)	0.197	0
飽和カロメル電極	Hg｜Hg_2Cl_2｜KCl (飽和)	0.241	0.044
硫酸水銀(I) 電極	Hg｜Hg_2SO_4｜H_2SO_4 (0.5 mol dm^{-3})	0.682	0.485
酸化水銀(II) 電極	Hg｜HgO｜NaOH (0.1 mol dm^{-3})	0.165	-0.032

(3.3.3項参照) がほとんどない．硫酸水銀(I) 電極 (mercuy(I) sulfate (mercurous sulfate) electrode, Hg/Hg_2SO_4) や酸化水銀(II) 電極 (mercury(II) oxide electrode, Hg/HgO) も同様な形式であり，電解質溶液がそれぞれ硫酸水溶液，アルカリ水溶液の場合に用いられる．これらの参照電極の電位を表3.2に示す．これら以外にも，測定対象の電極が入っている電解質溶液と同じpHの電解質溶液を用いた水素電極である可逆水素電極 (reversible hydrogen electrode, RHE) がよく用いられている．

3.3 濃淡電池

3.3.1 電極濃淡電池

電池を形成する二つの電極系は，通常，それぞれ異なった構成のものである．しかし，同種の電極系で形成される場合でも，その電極電位を決定する反応に関与する化学種の活量が異なっていれば，起電力が発生する．このような活量の違いは電極を構成する化学種でもよく，また電解質の化学種であってもかまわない．このようにしてつくられた電池は濃淡電池 (concentration cell) とよばれる．

まず，二つの電極系を構成する化学種の種類は同じであるが，両極で化学種の活量が異なっている電極濃淡電池 (electrode concentration cell) を考えよう．例として二つの水素電極 (異なる水素分圧 $p_1, p_2 : p_1 > p_2$) で構成された電池をとりあげる．

$$\text{Pt}｜H_2(p_1)｜\text{HCl}｜H_2(p_2)｜\text{Pt} \tag{3.33}$$

この電池の電極反応は次のようになる．

$$\text{左の電極：} \quad H_2(p_1) \longrightarrow 2H^+ + 2e^- \tag{3.34}$$

$$\text{右の電極：} \quad 2H^+ + 2e^- \longrightarrow H_2(p_2) \tag{3.35}$$

$$\text{電池の全反応：} \quad H_2(p_1) \longrightarrow H_2(p_2) \tag{3.36}$$

この反応に対する電池の標準起電力 $U°$ は 0 であるから，次のようにネルンスト式を適用して計算できる．

$$U = (RT/2F)\ln(p_1/p_2) \tag{3.37}$$

$p_1 > p_2$ のときに $U > 0$ となるので，この電池反応は自発的に進行する．したがって，この電池では H_2 の圧力が高いほうから低いほうへ電子が移動し，その逆方向に電流は流れる．

3.3.2 電解質濃淡電池

次に，電極系を構成する電解質溶液の濃淡に基づく電解質濃淡電池 (electrolyte concentration cell) を考えよう．例として図 3.5 に示すようなイオンの移動を伴う，すなわち液絡 (liquid junction) のある電解質濃淡電池をとりあげる．

$$\text{Pt} \mid \text{H}_2 \mid \text{HCl}(c_1) \mid \text{HCl}(c_2) \mid \text{H}_2 \mid \text{Pt} \tag{3.38}$$

この場合，濃度の異なる二つの HCl 水溶液は界面で混合しないが，イオンはこの界面を通して移動できる．この電池の電極反応は次のようになる．

左の電極： $1/2\,\text{H}_2 \longrightarrow \text{H}^+(c_1) + \text{e}^-$ (3.39)

右の電極： $\text{H}^+(c_2) + \text{e}^- \longrightarrow 1/2\,\text{H}_2$ (3.40)

全体の電極反応： $\text{H}^+(c_2) \longrightarrow \text{H}^+(c_1)$ (3.41)

また，両 HCl 水溶液界面でのイオンの移動は次のようになる．

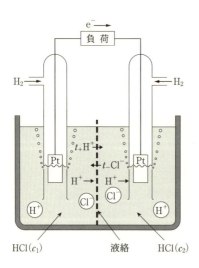

図 3.5 液絡のある電解質濃淡電池

H^+ の移動： $\quad t_+H^+(c_1) \longrightarrow t_+H^+(c_2)$ \hfill (3.42)

Cl^- の移動： $\quad t_-Cl^-(c_2) \longrightarrow t_-Cl^-(c_1)$ \hfill (3.43)

両液間のイオンの移動：

$$t_+H^+(c_1) + t_-Cl^-(c_2) \longrightarrow t_+H^+(c_2) + t_-Cl^-(c_1) \quad (3.44)$$

全体の電池反応は，全体の電極反応を表す式(3.41)と両液間のイオンの移動を表す式(3.44)を加えあわせたものとなる．すなわち

$$H^+(c_2) + t_+H^+(c_1) + t_-Cl^-(c_2) \longrightarrow H^+(c_1) + t_+H^+(c_2) + t_-Cl^-(c_1)$$
(3.45)

$t_+ = 1 - t_-$ という関係を用いて，この式を整理すると次のようになる．

$$t_-[H^+(c_2) + Cl^-(c_2)] \longrightarrow t_-[H^+(c_1) + Cl^-(c_1)] \quad (3.46)$$

したがって，この電池の標準起電力 U° は 0 であるから，ネルンスト式を適用して次式で計算できる．

$$\begin{aligned} U &= (RT/F)\ln[(a_{H^+})_2(a_{Cl^-})_2]^{t_-}/[(a_{H^+})_1(a_{Cl^-})_1]^{t_-} \\ &= (t_-RT/F)\ln[(a_\pm)_2{}^2/(a_\pm)_1{}^2] \\ &= (2t_-RT/F)\ln[(a_\pm)_2/(a_\pm)_1] \end{aligned} \quad (3.47)$$

ただし，a_{H^+}，a_{Cl^-}，$a_\pm$ は，それぞれ H^+ の活量，Cl^- の活量，平均活量係数である．また，$(a_{H^+})_1 = (a_{Cl^-})_1 = (a_\pm)_1$，$(a_{H^+})_2 = (a_{Cl^-})_2 = (a_\pm)_2$ とする．$c_2 > c_1$ すなわち $(a_\pm)_2 > (a_\pm)_1$ のときに $U > 0$ となるので，この電池反応は自発的に進行する．したがって，この電池では HCl 濃度（活量）が低いほうから高いほうへ電子は移動し，その逆方向に電流は流れる．式(3.47)のように，電解質濃淡電池の起電力にはイオンの輸率も関係している．したがって，二つの濃度での電解質溶液の平均活量係数がわかっていると，測定された起電力から輸率を求めることも可能である．

なお，上記の水素電極（$H^+|H_2$）はカチオン（H^+）に対して可逆な電極であるが，塩素電極（$Cl_2|Cl^-$）のようにアニオン（Cl^-）に対して可逆な電極の場合には，起電力は次式のようになる．

$$U = (2t_+RT/F)\ln[(a_\pm)_1/(a_\pm)_2] \quad (3.48)$$

3.3.3 液 間 電 位

電気化学系では組成または濃度の異なる二つの電解質溶液が接する場合が少なくない．このような界面では，両液のイオン濃度（活量）の違いにより，イオン濃度

の高いほうから低いほうに向かって界面を通してイオンの拡散が起こるために電位差が発生する．この電位差は液間電位（liquid junction potential）U_1 とよばれる．ここでは，前項でとりあげた濃度が異なる二つの HCl 水溶液の液絡がある場合に生ずる液間電位について考えてみよう．この場合の U_1 は式(3.44)で示される両液間のイオンの移動に基づく電位差，すなわち式(3.47)で示される液絡のある電池の起電力から式(3.41)で示される電極反応による起電力を差し引いた電位差である．したがって，U_1 は次式で与えられる[*2]．

$$U_1 = (2t_-RT/F)\ln[(a_\pm)_2/(a_\pm)_1] - (RT/F)\ln[(a_{H^+})_2/(a_{H^+})_1]$$
$$= (t_+ - t_-)(RT/F)\ln[(a_\pm)_1/(a_\pm)_2] \qquad (3.49)$$

この式から，液間電位はカチオンとアニオンの輸率の差および両液間の濃度（平均活量）の差が小さいほど小さい値になることがわかる．

電極の電位を測定する際には液間電位を除かなければならない．このような場合には，両溶液相に多量の無関係電解質を共存させる方法もあるが，通常，2 溶液間に塩橋（salt bridge）を入れる方法がとられる．これはガラス製の逆 U 字管に塩類の溶液を満たしたものであり，その両端はそれぞれの溶液に浸されている．管の内部の溶液が外部の溶液と混ざらないように半融ガラス板を融着したものや管内の溶液をゼラチンや寒天で固めたものも使用されている．塩橋に用いる溶液を塩化カリウム水溶液，硝酸カリウムあるいは硝酸アンモニウム水溶液のようにカチオンとアニオンの輸率がほぼ 0.5 ずつになるような溶液にすると，実用上は液間電位がほとんど無視できる状態が達成されるので，電気化学的実験を行う際に便利である．

演 習 問 題

3.1 25°C では，$2.3RT/F$ が 0.059 V と計算されることを示しなさい．

3.2 次の電池の電極反応および全電池反応を書きなさい．また，25°C における電池の標準起電力と電極反応の標準ギブズエネルギー変化を計算しなさい．

$$Hg\,|\,Hg_2Cl_2\,|\,Cl^-\,|\,Cl_2\,|\,Pt$$

ただし，標準電極電位は $E°(HgCl_2/Hg) = +0.267$ (V *vs.* SHE)，$E°(Cl_2/Cl^-) = +1.358$ (V *vs.* SHE) である．

[*2] 液間電位は理論的に算出することが可能であり，ヘンダーソンの式（Henderson equation）やゴールドマンの式（Goldman equation）が用いられている．

3.3 $H_2(1\text{ atm}) + 2\,AgBr(s) \to 2\,Ag + 2\,HBr(a=1)$ なる反応を行う電池がある。この電池反応に伴う 25°C での ΔG, ΔS および ΔH を求めなさい。ただし、この電池の起電力の温度変化は次式で表されるものとする。
$$U(\text{V}) = -0.0866 + 1.56 \times 10^{-3}\,T - 3.45 \times 10^{-6}\,T^2$$

3.4 25°C の酸性水溶液中に存在するすべての Fe^{3+} が亜鉛によって Fe^{2+} に還元されることを $Fe^{3+} + 1/2\,Zn \rightleftarrows Fe^{2+} + 1/2\,Zn^{2+}$ なる反応の平衡定数の値によって示しなさい。ただし、標準電極電位は $E°(Zn^{2+}|Zn) = -0.763$ (V $vs.$ SHE), $E°(Fe^{3+}|Fe^{2+}) = +0.771$ (V $vs.$ SHE) である。

3.5 次の電池の 25°C における起電力を計算しなさい。ただし、標準電極電位は
$E°(Cd^{2+}|Cd) = -0.403$ (V $vs.$ SHE), $E°(Cl_2|Cl^-) = +1.358$ (V $vs.$ SHE),
$E°(Zn^{2+}|Zn) = -0.763$ (V $vs.$ SHE), $E°(Ni^{2+}|Ni) = -0.257$ (V $vs.$ SHE),
$E°(Fe^{3+}|Fe) = -0.036$ (V $vs.$ SHE), $E°(Sn^{4+}|Sn^{2+}) = +0.154$ (V $vs.$ SHE)
である。
(1) $Cd\,|\,Cd^{2+}(a=1.2)\,|\,Cl^-(a=1.0)\,|\,Cl_2(0.4\text{ atm})\,|\,Pt$
(2) $Zn\,|\,Zn^{2+}(a=0.7)\,|\,Ni^{2+}(a=1.6)\,|\,Ni$
(3) $Fe\,|\,Fe^{3+}(a=0.2)\,|\,Sn^{4+}(a=0.01), Sn^{2+}(a=0.1)\,|\,Pt$

3.6 一般的に式(3.50)で表される酸化還元反応に対する単極の電位は、式(3.51)で与えられる。これを、電池構成が $Pt\,|\,H_2(1\text{ atm})\,|\,H^+(a=1)\,|\,O\,|\,R$ で表される電池を用いて、証明しなさい。
$$O + n\,e^- \rightleftarrows R \tag{3.50}$$
$$E_{O/R} = E°_{O/R} + (RT/nF)\ln(a_O/a_R) \tag{3.51}$$
ここで、O は酸化体、R は還元体を表す。

3.7 二つの水素電極を 25°C の硫酸水溶液中に挿入した。左側の電極の水素圧は 0.800 atm、右側の電極の水素圧は 0.200 atm である。この電極濃淡電池の起電力を計算しなさい。

3.8 電池構成が $Ag\,|\,AgCl\,|\,NaCl(c_1)\,|\,NaCl(c_2)\,|\,AgCl\,|\,Ag$ で表される電解質濃淡電池の起電力を求めなさい。ただし、NaCl のモル濃度と平均活量係数は、それぞれ $c_1 = 0.0500$ mol dm^{-3}, $(\gamma_\pm)_1 = 0.823$ と $c_2 = 0.100$ mol dm^{-3}, $(\gamma_\pm)_2 = 0.778$ とし、$t_+ = 0.390$ とする。

第4章
電極と電解質溶液の界面

　電極と電解質溶液が接する界面についての話は前章までに少しはあったが，詳しい説明はしていなかった．電極と電解質溶液の界面では電気二重層（electric double layer）とよばれる境界層すなわち電荷層（charge layer）が形成され，電極反応（electrode reaction）が進行する重要な場所となるので，本章でその構造と性質について説明する．電気化学セル中における電位差では電極と電解質溶液の界面の電位差がもっとも重要であり，この電位差が電極反応の速度などに大きな影響を及ぼす．

4.1　電気二重層の形成と電極反応

　一般に，組成の異なる2相の接触界面においては，界面の一方の側に余分の正の電荷が，他方の側に余分の負の電荷が連続的に分布し，かつ全体としては電気的中性の条件を満足するような境界層すなわち電荷層が形成される．これが電気二重層（electric double layer）である．たとえば，電極を電解質溶液中に浸漬するとその電極はある電位を示し，この電位の符号と反対符号のイオンが電解質溶液中から電極表面に引き寄せられ，電極と電解質溶液中にそれぞれ電荷層が形成される．
　外部回路によってこの電位をさらに正または負に増大させるとそれぞれアニオンまたはカチオンがさらに多く集まり，遂には放電すなわち電極反応が起こることになる．その速度は使用する電極の種類によって著しく異なり，たとえば，水素発生反応は白金電極では非常に速いが，水銀電極では無視できるほどにきわめて遅い．この水銀電極のように外部から電極に電荷を与えても電極反応が事実上まったく起こらない電極は理想分極性電極（ideal polarizable electrode）とよばれる．この場合，外部から供給された電荷は電極の分極のみに使用され，電極電位は電極と電解質溶液の界面の静電的な条件だけによって決まる．このように，理想分極性電極の

電位は，コンデンサー（condenser）（キャパシタ（capacitor）ともいう）と同じで，静電的な条件だけで決まるため，外部から比較的自由に制御することができる．

なお，これとは逆に，理想非分極性電極（ideal non-polarizable electrode）とよばれる電極では，電極に外部から電荷が供給されると余分の電荷は電極反応の進行によって速やかに消費されるため，電極系の静電的状態すなわち電極電位を自由に変化させることができない．前章までは理想非分極性電極が取扱いの対象とされてきたし，後章でもほとんどの場合にこのような電極が対象とされる．

しかし，本章で主として対象にするのは，電極反応が事実上は起こらないような理想分極性電極とよばれる電極系である．電気二重層の構造を調べるにはこのような電極が適しており，古くから滴下水銀電極（dropping mercury electrode）がよく用いられてきた．

4.2 界面の熱力学的取扱いと静電容量

界面の熱力学的平衡に対してもっとも基本的な式は，次のようなギブズの吸着等温式（Gibbs' adsorption isotherm）である．

$$d\gamma = -\sum_i \Gamma_i d\bar{\mu}_i \quad (T, P：一定) \tag{4.1}$$

ここで，γ は電極界面での表面張力（surface tension）[*1]，Γ_i は成分 i の表面過剰量（surface excess）[*2]，$\bar{\mu}_i$ は成分 i の電気化学ポテンシャル（electrochemical potential）である．表面張力 γ は温度，圧力および成分 i の関数で，化学ポテンシャル μ_i を用いて表すと次式の関係が得られる．

$$d\gamma = -\sigma^M dE - \sum_i \Gamma_i d\mu_i \tag{4.2}$$

ここで，σ^M は電極の表面電荷密度（surface charge density），E は電極電位である．

理想分極性電極である水銀電極において，その表面張力を電位に対してプロットした図（図 4.1）は電気毛管曲線（electrocapillary curve）とよばれる．温度，圧力が一定で，溶液の組成も変わらないとき，$d\mu_i = 0$ なので，次式が成り立つ．

[*1] 界面張力（interfacial tension）ともいう．
[*2] 界面過剰量（interfacial excess）ともいう．

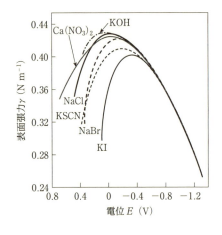

図 4.1 電気毛管曲線
横軸の電位は特異吸着しない NaF 系の E_{pzc} を基準としたもの.

$$(\partial \gamma / \partial E)_{T,P,\mu} = -\sigma^M = \sigma^S \tag{4.3}$$

ここで，添字の M と S はそれぞれ金属電極，溶液側を示す．この式は電気毛管曲線の理論的性質を表す重要な式であり，リップマン式（Lippmann equation）とよばれる．表面張力が極大を示す電位では，金属上の電荷が 0 の状態にあると考えられる．すなわち

$$(\partial \gamma / \partial E)_{T,P,\mu} = -\sigma^M = \sigma^S = 0 \tag{4.4}$$

このときの電位はゼロ電荷電位（potential of zero charge）[*3] E_{pzc} とよばれ，平衡電位とともに電極電位の一つの基準を示す重要な電位である．とくに，電解質溶液中のイオンが電極に吸着するような現象が問題となる場合には，このような電極表面の電荷が 0 の電極電位が重要なパラメーターとなる．

図 4.1 において，E_{pzc} よりも正の電位では電気毛管曲線の勾配が負であるから，式 (4.3) によって，電極表面の電荷密度 σ^M は正になり，逆に E_{pzc} よりも負の電位では表面電荷密度は負になる．なお，E_{pzc} の値が電解質のアニオンの種類によって異なるのは後述するイオンの特異吸着（specific adsorption）によるためである．

電気二重層の静電容量（electrostatic capacitance）C は静電容量の定義とリップマン式から次式のように導き出される．

$$C = (\partial \sigma^M / \partial E)_{T,P,\mu} = -(\partial^2 \gamma / \partial E^2)_{T,P,\mu} \tag{4.5}$$

[*3] ゼロ電荷点（point of zero charge）ともいい，電気毛管曲線上で表面張力が極大値 γ_{ecm} をとる電気毛管極大（electrocapillary maximum）の電位である．

この式で定義される静電容量は微分容量（differential capacitance）C とよばれ，次式で定義される静電容量は積分容量（integral capacitance）K とよばれる．

$$K = \sigma^{M}/(E - E_{\mathrm{pzc}}) \tag{4.6}$$

4.3　電気二重層の構造モデル

古くからある電気二重層の模型を図 4.2 に示す．なお，図中には相の内部電位（inner potential）[*4] ϕ の変化も示してある．

図 4.2(a) に示したヘルムホルツ（Helmholtz）の模型は電気二重層に対するもっとも単純なモデルであり，電極と反対符号の表面電荷が一定の距離を隔てて相対する平板コンデンサー模型である．この模型では，単位面積当たりの静電容量（F m^{-2}）は次式で与えられる．

$$C = \varepsilon_0 \varepsilon_r / d \tag{4.7}$$

ここで，ε_0 は真空の誘電率（permittivity of vaccum），ε_r は電気二重層内（媒質）の比誘電率，d は相対して存在する電荷間の距離である．したがって，ε_r や d が一定である限り，表面電荷密度を電位で偏微分して得られる微分容量は，同じ電極系において電位によらず一定となり，実際の系を扱うには単純すぎる．

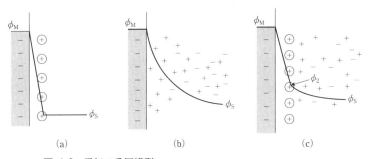

図 4.2　電気二重層モデル
(a)　ヘルムホルツの模型　　(b)　グイーチャップマンの模型
(c)　シュテルンの模型
ϕ_M, ϕ_2 および ϕ_S はそれぞれ電極面，外部ヘルムホルツ面，溶液本体の内部電位を示す．

[*4]　内部電位とは，真空中の無限遠方を基準とした導電体相 α 内部の静電ポテンシャルと定義され，ϕ で表される．

図 4.2(b) に示したグイ-チャップマン（Gouy-Chapman）の模型はイオンを点電荷と考えて，その分布がボルツマン（Boltzmann）分布則に従い，表面電荷と電位の関係がポアソン（Poisson）の式で近似できるとして導いた拡散二重層（diffuse double layer）模型である．この理論によると，二重層内の静電ポテンシャルは電極面からの距離とともにほぼ指数関数的に変化する．また，$z{:}z$ 型強電解質のみを含む溶液の場合には，微分容量は次式で与えられる．

$$C = d\sigma^M/d(\phi_M - \phi_S)$$
$$= (2z^2 e^2 \varepsilon_0 \varepsilon_r n/\kappa T)^{1/2} \cosh[ze(\phi_M - \phi_S)/2\kappa T] \quad (4.8)$$

この式は，微分容量の極小値がゼロ電荷電位で与えられることを示し，そのことは多くの実験結果と対応しているが，電位がゼロ電荷電位から離れるにつれ，式 (4.8) から予測される値は微分容量の実測値を反映しなくなる．

図 4.2(c) に示したシュテルン（Stern）の模型は，実際のイオンにはそれ自身の大きさがあり，また水和（溶媒和）しているため，ある距離以内には接近できないと考えて提案されたものであり，結果として，この電気二重層は電極とイオンの最近接面との間のヘルムホルツの電気二重層とその外側に広がるグイ-チャップマンの拡散二重層とから構成されている．なお，イオンの最近接面はヘルムホルツ面（Helmholtz plane）あるいは 2 の面とよばれる．そして，電極面と溶液相内部との間の二重層全体の微分容量 C は次式のように表される．

$$1/C = 1/C_{M-2} + 1/C_{2-S} \quad (4.9)$$

ここで，C_{M-2} は電極面とイオンの最近接面との間の微分容量，C_{2-S} は最近接面と溶液相内部との間の微分容量である．これは，電気二重層容量が C_{M-2} と C_{2-S} の二つのコンデンサーを直列結合したもので表されることを示している．なお，グイ-チャップマンの理論は C_{2-S} に関するものであると考えられるので，先の式 (4.8) の C を C_{2-S} で書き換えておけばよい．

式 (4.9) から明らかなように，$C_{2-S} \gg C_{M-2}$ のとき $C \fallingdotseq C_{M-2}$ となり，また電極電位が E_{pzc} に近づき，かつ電解質濃度が低いときは $C_{2-S} \ll C_{M-2}$ となって $C \fallingdotseq C_{2-S}$ となる．したがって，E_{pzc} 付近でみられた微分容量の極小部分は C_{2-S} に近い値を与え，それ以外の電位領域では C_{M-2} に近い値を与えているものと解釈される．

4.4 特異吸着

溶媒が水，カチオンが金属イオン M^+ であり，アニオン A^- のサイズが大きい場合には，サイズの大きなアニオンが電極に直接接触する場合がある．このような場合の，電極と電解質溶液の界面の構造を図 4.3 に示す．電極表面には，配向した水の単分子層が存在し，金属イオンはサイズが小さいために表面電荷密度が高く，いくつかの水分子が溶媒和して存在する．したがって，水和した金属イオンの先端はこの水分子の単分子層の溶液側までしか近寄れない．この最近接カチオンの中心を結ぶ面は外部ヘルムホルツ面（outer Helmholtz plane）とよばれる．他方，サイズの大きなアニオンはその表面電荷密度が小さいために，水の単分子層の中に割り込み，電極に直接接触して吸着することができる．このような吸着現象は特異吸着（specific adsorption）とよばれ，電極反応にさまざまな影響を及ぼす．この特異吸着しているアニオンの中心を結ぶ面は内部ヘルムホルツ面（inner Helmholtz plane）とよばれる．この場合，電気二重層部分では，電極内部の負の電荷と，電

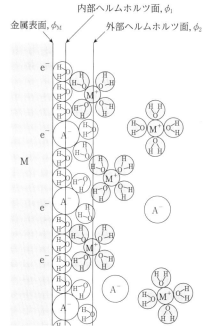

図 4.3 デバナサン-ボックリス-ミュラーによる電気二重層模型

極近くの溶液中のカチオンのもつ正の電荷からアニオンのもつ負の電荷を差し引いた値がちょうどつりあった状態になっている.

さらに，電流が流れているときには，電気二重層の外側の電解質溶液部分に拡散層（diffusion layer）とよばれる領域が存在する．このときには，この層内の化学種の組成が電解質溶液内部の組成とは異なってくる．もし，式(4.10)のような電荷移動反応が進行すると，電解質溶液内部から電極と電解質溶液の界面にかけて，M^+の濃度が低下した領域が出現し，この領域ではM^+は主として拡散によって溶液内部から供給される．この領域が拡散層である．

$$M^+ + e^- \longrightarrow M \tag{4.10}$$

以上をまとめると，電極と電解質溶液の界面におけるイオンで構成される電気二重層は，次のような構造とみることができる．すなわち，電極からの距離として，内部ヘルムホルツ面は約 0.1 nm (= 10^{-8} cm)，外部ヘルムホルツ面は約 0.2～0.3 nm，拡散二重層（グイ-チャップマンの電気二重層）は数 nm の位置である．これに対して，拡散層の厚さはおおよそ 10^{-3}～10^{-2} cm であり，拡散二重層の厚さよりもはるかに大きい．これらの関係を図 4.4 に示す．

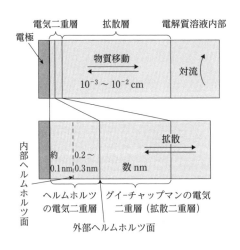

図 4.4 電極／電解質溶液界面の構造
電気二重層の部分を拡大してある．

4.5 電気化学セル内の電位分布

上述した電気二重層は電極反応が進行する舞台である．そして，式(4.10)で示

される電荷移動反応の推進力は，金属イオンがもっとも近づくことができる外部ヘルムホルツ面と金属電極との間の電位差であり，この推進力によって電子はM^+へと移行する．この推進力すなわち電位差は，前述したアニオンの特異吸着量や溶媒和したM^+の大きさが変われば外部ヘルムホルツ面の位置が移動したりするので，これらの変化によって大きく影響を受ける．

電気化学セルにおける電極の帯電状態は外部から電圧をかけることにより変化させることができる．それに応じて電極表面に近づいてくる反対電荷をもつイオンの分布状態も変化する．この状況はコンデンサーに電圧を加えて電気をためることに似ている．すなわち，電気二重層は電気をためる性質をもっており，主にヘルムホルツ二重層に電圧が印加されて電気がたまる．

電極反応を進行させる上で重要なのは，ヘルムホルツ層に印加される電圧である．両電極間に電圧をかけて電気分解を行うときには，大部分の電圧は電気二重層，とくにヘルムホルツの電気二重層にかかる．すなわち，電極と溶液の間に存在する電位差の大部分はわずか 0.3 nm 程度の厚さの電気二重層の両端にかかっている．電解質溶液のイオン濃度が高いほどセル内での IR 損（IR loss）が小さくなるので，この傾向はますます顕著になる．これは非常に大きな電位勾配（電場）に相当し，電荷移動反応を引き起こすのに十分な値となる．電気分解における電気化学セル内の電位分布（potentical distribution）と印加電圧との関係を図 4.5 に示す．

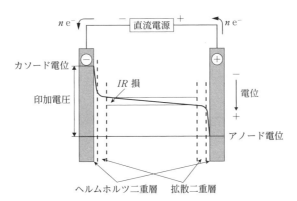

図 4.5 電気化学セル内の電位分布と印加電圧との関係
電気二重層の部分を拡大してある．

演 習 問 題

4.1 電極と電解質溶液の界面の構造は，ほとんどの場合，水銀電極を用いて研究されてきた．その理由を述べなさい．

4.2 電気二重層の微分容量 C が電位によらず一定の場合の電気毛管曲線を表す式を示しなさい．また，電気毛管曲線はどのような形状を描くかについて述べなさい．

4.3 電気毛管曲線は，通常，放物線に近い形になる．このような形になる理由を述べなさい．

4.4 電極と電解質溶液の界面における電気二重層の模型について述べなさい．

4.5 アニオンの特異吸着について述べなさい．

4.6 電極からの距離として，内部ヘルムホルツ面，外部ヘルムホルツ面，拡散二重層（グイ-チャップマンの電気二重層），拡散層の厚さはおおよそいくらか．また，これらの関係を模式図で示しなさい．

4.7 電気分解における電気化学セル内の電位分布と印加電圧との関係を図に描いて簡単に説明しなさい．

4.8 ヘルムホルツ層の厚さ d が 0.30 nm であるとき，電気分解の際に印加される電圧のうち 1.5 V の電圧がヘルムホルツ層にかかっている場合，電場の強さ（電位勾配）はいくらになるか．

第5章

電極反応の速度

3章では電流が流れていない平衡状態における事柄を学んだが,本章では,非平衡状態で進行する電気化学反応（electrochemical reaction）について学ぶことにしよう.主として,電極と電解質溶液の界面で起こる電極反応の速度すなわち電流密度（current density）と電極電位（electrode potential）あるいは過電圧（overvoltage）との関係について述べる.電極反応が進行する舞台は前章で述べた電気二重層（electric double layer），とくにヘルムホルツ二重層（Helmholtz double layer）である.

5.1 電極反応の素過程と反応速度

5.1.1 電極反応の素過程

電極反応は電解質溶液と接する電極の表面で進行する.次式で示されるようなもっとも単純な電極反応を考えてみよう.

$$R \rightleftarrows O + ne^- \tag{5.1}$$

ここで,RとOはそれぞれ反応物である還元体,生成物である酸化体を示し,nは反応に関与する電子の数を示す.

このようなもっとも単純な場合でも,図5.1に示すように,電極反応は,① 電解質溶液内部から電極表面への反応物Rの移動,② 反応物Rと電極の間での電子ne^-の移動,および ③ 電極表面から電解質溶液内部への生成物Oの移動の三つの過程からなっている.このような電荷移動過程（charge transfer process）や物質移動過程（mass transfer process）のほか,主に電気抵抗が関与する IR 損（IR loss）などが電極反応の速度に大きな影響を及ぼす.電極反応の速度はもっとも遅い過程の速度によって決まり,その過程は律速過程（rate-determining process）とよばれる.また,電極反応がいくつかの連続した素反応（elementary reaction）

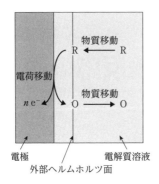

図 5.1 もっとも単純な電極反応の素過程
アノード酸化反応（R→O + ne⁻）
電気二重層の部分を拡大してある.

から成り立っている場合には，もっとも遅いものを律速段階（rate-determining step）という．

5.1.2 電極反応の速度と電流密度

式(5.1)で正方向すなわち酸化反応の速度を v_a，逆方向すなわち還元反応の速度を v_c とすると，一般の化学反応の場合と同様に，正逆両方向の反応速度（reaction rate）の差が正味の反応速度であるから，全反応速度 v は次式で与えられる．

$$v = v_a - v_c \tag{5.2}$$

いま，単位面積の電極表面で時間 dt 内に変化する R，O および e⁻ の物質量（モル数）をそれぞれ dν_R，dν_O および dν_e とすると，この電極反応の速度 v は次式で与えられる．

$$v = |d\nu_R/dt| = d\nu_O/dt = (1/n)d\nu_e/dt \tag{5.3}$$

ところで，dν_e (mol) の電子の移動に伴って流れる電気量 dq は Fdν_e に等しく，また単位時間当たり移動する電荷 dq/dt は電流密度（current density）i と定義されるので，次式が成立する．

$$i = dq/dt = Fd\nu_e/dt = nFv \tag{5.4}$$

この式（$i = nFv$）は，電流密度が電極反応の速度を表すことを意味している．なお，電流密度は単位面積当たりの電流であり，これに電極面積を乗ずれば電極全体についての電流 I となる．

5.2 電荷移動過程

5.2.1 電荷移動過程の概念

電荷移動過程は電極／電解質溶液界面で電極と電解質溶液中に存在する反応種との間で電子が移動する過程であり，電極反応の特徴を表すもっとも注目される過程である．電極と酸化還元物質（O/R 対）との間での電荷移動の概念を図 5.2 に示す．

電気分解を行うときには，第 1 章で述べたように，必ず陽極（アノード）で酸化反応が起こり，陰極（カソード）で還元反応が起こる．しかし，本章で図 5.2 のような電極反応を考えるときには，どちらか一方の電極で起こる反応に注目することが多い．その場合に注目する電極は作用電極（working electrode）または試験電極（test electrode）とよばれ，もう一方の電極は対極（counter electrode）または補助電極（auxiliary electrode）とよばれる．作用電極の電位は分極によって変化させることができる．他方，電解質溶液中の酸化還元物質（O/R 対）はネルンスト式から計算される平衡電位（equilibrium potential）E_{eq} に相当する固有の電子のエネルギーをもっている．

作用電極の電位が O/R 対の平衡電位と同じレベルにあるときを動的平衡（dynamic equilibrium）という．いま，平衡状態にある作用電極をアノード分極（anodic polarization）あるいはカソード分極（cathodic polarization）すると，電極電

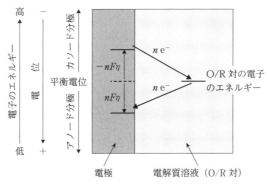

図 5.2 分極によって電子の移動方向が変化するようす
破線は電極電位が平衡電位にある状態を示す．

位はそれぞれ平衡電位から正方向，負方向へ移行する．電極電位 E と平衡電位 E_{eq} の差を過電圧（overvoltage）[*1]といい，η で表す．

$$\eta = E - E_{\text{eq}} \tag{5.5}$$

アノード分極すると，作用電極内の電子のエネルギーは電解質溶液中の O/R 対の電子のエネルギーに比べて $nF\eta$ だけ低くなり，O/R 対から電極内へ電子が流れ込む，すなわち，酸化反応（R → O + n e$^-$）が進行する．逆に，カソード分極すると，作用電極内の電子のエネルギーは電解質溶液中の O/R 対の電子のエネルギーに比べて $nF\eta$ だけ高くなり，電極内から O/R 対へ電子が流れ込む，すなわち，還元反応（O + n e$^-$ → R）が進行する．酸化方向に対して流れる電流を部分アノード電流密度（partial anodic current density）i_{a}，還元方向に対して流れる電流を部分カソード電流密度（partial cathodic current density）i_{c} とすると，実際に回路に流れる正味の電流密度 i は次式で与えられる．

$$i = nF(v_{\text{a}} - v_{\text{c}}) = i_{\text{a}} - i_{\text{c}} \tag{5.6}$$

ここで，i_{a} と i_{c} はいずれも正の値であるが，i は符号を含むことに注意されたい．

このように，電極内の電子のエネルギーと電解質溶液中の O/R 対の電子のエネルギーとの間に差があると電極反応は起こるが，この差が同じであっても電極反応の種類によって反応速度すなわち流れる電流密度の大きさは異なる．これは，反応物が電極との間で電子の授受を行うときに電子が越えなければならないエネルギーの山（エネルギー障壁）があり，その山の高さが反応物質によって異なるためである．山の高さは活性化エネルギー（activation energy）E_{a} とよばれる．山が高くて反応が進みにくいときには，電荷移動過程が律速になる．

エネルギーの山すなわち活性化エネルギーが電荷移動過程にどのようなかかわりをもつのかについて考えてみよう．その概念を図 5.3 に示してある．

平衡状態にあるときには，エネルギーの山はほぼ対称な形をしており，部分アノード電流密度 i_{a} と部分カソード電流密度 i_{c} の大きさは相等しく，したがって正味の電流密度 $i(= i_{\text{a}} - i_{\text{c}})$ は 0 となる．すなわち，

$$i_{\text{a}} = i_{\text{c}} = i_0 \tag{5.7}$$

このような，平衡状態での外部回路では観測されない電流密度 i_0 は交換電流密度（exchange current density）とよばれ，電極反応の特徴を表す重要なパラメーター

[*1] 過電圧は英語で overpotential ともいう．

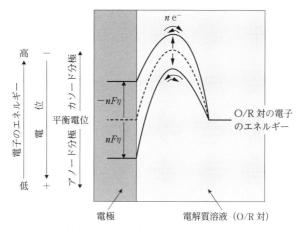

図 5.3 分極によって活性化エネルギーが変化するようす
破線は電極電位が平衡電位にある状態を示す.

の一つである.

作用電極を分極すると，電極内の電子のエネルギーが変化するためにエネルギーの山は対称形ではなくなってくる．たとえば，アノード分極したときには，上述のように電子が O/R 対から電極内へ流れ込むので，越えなければならない山の高さは平衡状態のときに比べて低くなる．したがって，部分アノード電流密度 i_a は交換電流密度 i_0 より大きくなる．これに対して，逆方向に電子が電極内から O/R 対へ出て行くときに越えなければならないエネルギーの山は平衡状態のときに比べて高くなるので，部分カソード電流密度 i_c は交換電流密度 i_0 よりも小さくなる．すなわち，アノード分極したときには，実際に回路に流れる正味の電流密度 i は式 (5.6) で表されるアノード電流密度（anodic current density）である．なお，カソード分極したときのカソード電流密度（cathodic current density）についてはこれと逆の考え方をすればよい．

5.2.2 電荷移動過程の速度式

以上の定性的な説明からわかるように，単位時間当たりにエネルギーの山を越える電子の数すなわち電流密度は，山の高さすなわち活性化エネルギーの大きさによって変わるので，分極の程度（電極電位 E，過電圧 η）によって変わる．換言すれば，電極電位 E すなわち過電圧 η が変化することによって，その速度すなわち

電流密度が変化する．

以下では，電流密度 i と過電圧 η の関係について少し定量的な説明をしよう．

分極したときの活性化エネルギーの変化についての議論に基づいて，部分アノード電流密度 i_a と部分カソード電流密度 i_c はそれぞれ式(5.8)および式(5.9)で表される．

$$i_a = nFk_a° c^s{}_R \exp(\alpha_a nF\eta/RT) \tag{5.8}$$
$$i_c = nFk_c° c^s{}_O \exp(-\alpha_c nF\eta/RT) \tag{5.9}$$

ここで，$k_a°$ と $k_c°$ はそれぞれ $\eta = E - E_{eq} = 0$ における酸化反応と還元反応の速度定数である．また，$c^s{}_R$ と $c^s{}_O$ はそれぞれ R と O の電極表面での濃度である．なお，α_a と α_c は過電圧 η のうち反応の進行に寄与する割合を示すパラメーターであり，それぞれアノード酸化反応およびカソード還元反応の移動係数(transfer coefficient)とよばれる．単純な電極反応の場合には 0~1 の範囲の値 ($\alpha_a + \alpha_c = 1$) をとる．

したがって，正味の電流密度 $i(= i_a - i_c)$ は次のようになる．

$$i = nFk_a° c^s{}_R \exp(\alpha_a nF\eta/RT) - nFk_c° c^s{}_O \exp(-\alpha_c nF\eta/RT) \tag{5.10}$$

この関係を図 5.4 に示す．すなわち，$\eta \gg 0$ の領域では $i \fallingdotseq i_a$ となり，$\eta \ll 0$ の領域では $i \fallingdotseq -i_c$ となる．

平衡状態における R と O の電極表面濃度は溶液内部における濃度（それぞれ $c^b{}_R$ と $c^b{}_O$ とする）に等しい．したがって，平衡状態すなわち $\eta = E - E_{eq} = 0$ では，式(5.7)，式(5.8)および式(5.9)から，交換電流密度 i_0 は次のようになる．

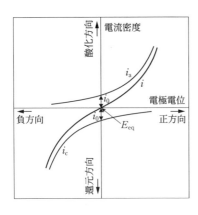

図 5.4　正味の電流密度 i と酸化方向の電流密度 i_a ならびに還元方向の電流密度 i_c との関係

$$i_0 = nFk_\mathrm{a}^\circ c^\mathrm{b}_\mathrm{R} = nFk_\mathrm{c}^\circ c^\mathrm{b}_\mathrm{O} \tag{5.11}$$

式(5.10)と式(5.11)の関係を用いると，電荷移動過程のみならず，物質移動過程の影響も加味した次式が得られる．

$$i/i_0 = (c^\mathrm{s}_\mathrm{R}/c^\mathrm{b}_\mathrm{R})\exp(\alpha_\mathrm{a} nF\eta/RT) - (c^\mathrm{s}_\mathrm{O}/c^\mathrm{b}_\mathrm{O})\exp(-\alpha_\mathrm{c} nF\eta/RT) \tag{5.12}$$

物質移動過程が十分速くて，電荷移動過程が律速である場合には，$c^\mathrm{s}_\mathrm{R} = c^\mathrm{b}_\mathrm{R}$ および $c^\mathrm{s}_\mathrm{O} = c^\mathrm{b}_\mathrm{O}$ が成立するので，式(5.12)は次のように書き換えられる．

$$i = i_0\{\exp(\alpha_\mathrm{a} nF\eta/RT) - \exp(-\alpha_\mathrm{c} nF\eta/RT)\} \tag{5.13}$$

この式は電極反応速度を表す基本式であり，バトラー–フォルマー式（Butler-Volmer equation）とよばれる．この式から，電荷移動過程が律速である場合の過電圧（電極電位）と電流密度の間の重要な関係を導くことができる．

過電圧の絶対値 $|\eta|$ が大きい（$|\eta| \geqq {\sim}70$ mV）ときには，式(5.13)の右辺の第1項または第2項のいずれかを省略することができる．その式の両辺の対数をとり，η について整理すると次のようになる．

アノード過電圧が大きい（$\eta \gg RT/\alpha_\mathrm{a} nF$）とき，

$$\eta = -(RT/\alpha_\mathrm{a} nF)\ln i_0 + (RT/\alpha_\mathrm{a} nF)\ln i \tag{5.14}$$

カソード過電圧が大きい（$\eta \ll -RT/\alpha_\mathrm{c} nF$）とき，

$$\eta = (RT/\alpha_\mathrm{c} nF)\ln i_0 - (RT/\alpha_\mathrm{c} nF)\ln|i| \tag{5.15}$$

これらの式は，次のような形で表すことができる．

$$\eta = a \pm b\log|i| \tag{5.16}$$

ここで，a と b はいずれも定数である．この式はターフェル式（Tafel equation）とよばれる，この場合には，図5.5(a)に示すように，電流密度の対数 $\log i$ と過電圧 η との間に直線関係が成り立つ．ターフェル直線（Tafel line）を $\eta = 0$ へ外挿したときの切片から，$\log i_0$ を求めることができる．また，ターフェル直線の勾配 b をターフェル勾配（Tafel slope）というが，これも電極反応を解析する上で重要なパラメーターである．

他方，過電圧の絶対値 $|\eta|$ が小さい（$|\eta| \leqq {\sim}5$ mV）ときには，式(5.13)の右辺の指数項を展開することができる．すなわち，$-RT/\alpha_\mathrm{c} nF \ll \eta \ll RT/\alpha_\mathrm{a} nF$ のとき，指数項を展開して第2項までとり，$\alpha_\mathrm{a} + \alpha_\mathrm{c} = 1$ の関係を用いると，次式が得られる．

$$\eta = (RT/nFi_0)i \tag{5.17}$$

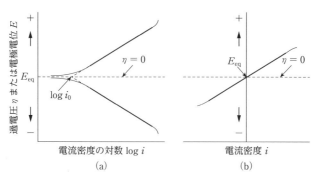

図 5.5 過電圧が大きい場合と小さい場合の電流密度 i と過電圧 η
または電極電位 E との関係
(a) $|\eta| \gtrsim {\sim}70$ mV　　(b) $|\eta| \lesssim {\sim}5$ mV

この場合には，図 5.5(b) に示すように，電流密度 i と過電圧 η との間に比例関係が成り立つ．なお，直線の勾配である RT/nFi_0 の値は分極抵抗（polarization resistance）とよばれ，反応が電荷移動律速である場合は電荷移動抵抗（charge transfer resistance）に等しい．この値からも i_0 を求めることができる．

これまで述べてきた電荷移動反応は式(5.1)で示されるような単純な単一過程である．しかし，電極上で進行する反応は電荷移動を伴う素反応がいくつかあわさった複雑な場合も少なくない．そのようなときにも式(5.13)で示されるバトラー–フォルマー式は見かけ上適用されるが，移動係数 α_a および α_c はもはや 0～1 の範囲に限らず，1 以上の値をとる場合もある．

5.3 物質移動過程

5.3.1 物質移動過程の概念

先に述べたように，電極反応を考える場合には電荷移動過程のほかに電解質溶液内の物質移動過程も考慮する必要がある．とくに，過電圧が大きいときや反応物の濃度が低いときには，物質移動過程が重要になる．物質移動は，① 濃度勾配による拡散（diffusion），② 電位勾配によるイオンの泳動（migration），および ③ 溶液の対流（convection）によって起こる．これらのうち，泳動の影響は大過剰の無関係電解質（indifferent electrolyte）を加えることによって除去できる．また，対流の影響も避けられることが多い．しかし，拡散は電極反応を進行させる上で欠く

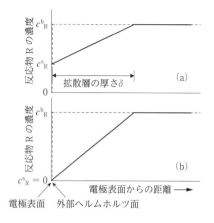

図 5.6 電極表面付近における反応物 R の濃度勾配 $(c^b_R - c^s_R)/\delta$
(a) 定常状態
(b) 限界拡散電流が出現する状態

ことのできないものであり,以下では拡散による物質移動が重要になる場合について述べる.

式(5.1)のような電極反応が進行するときの電極表面近くにおける電解質溶液中の反応物 R の濃度勾配を図 5.6 に示す.電極表面で反応物 R が酸化されるにつれて,電極表面での反応物 R の濃度が低下する.そのため,図 5.6(a) のように,電極表面と電解質溶液内部における反応物 R の濃度に差異が生じる.その結果として,濃度の高い電解質溶液内部から濃度の低い電極表面へ反応物 R が拡散されてくる.拡散の速度は,拡散層(diffusion layer)における濃度勾配 $(c^b_R - c^s_R)/\delta$ に比例する.このようにして拡散で補給される速度が電極表面で反応に消費される速度と等しくなると,電極表面での反応物 R の濃度 c^s_R は一定に保持される.もし電極表面で反応に消費される速度に比べて拡散で補給される速度が遅ければ,すなわち拡散過程が律速であれば,図 5.6(b) のように,電極表面に到達した反応物 R はただちに消費されつくすので,電極表面での反応物 R の濃度 c^s_R は 0 となる.このとき電流密度は反応物 R の拡散速度によって決まってしまい,過電圧を大きくしても変化せず,後述するような限界電流密度(limiting current density)が出現する.

5.3.2 物質移動過程の速度式

拡散の基本式はフィックの拡散第一法則と第二法則(Fick's first law, Fick's second law of diffusion)であるが,以下では,図 5.6(a) のように,定常状態すなわ

ち拡散層の厚さが一定となり，拡散と電極反応が定常的に進行している状態を主として取り扱うことにする．

フィックの拡散第一法則は x 方向にある成分の濃度 c の勾配が存在するとき，単位平面，単位時間当たりの拡散量（拡散流束（diffusion flux）という）J が濃度勾配 $\partial c/\partial x$ に比例するというものであり，また電極／溶液界面すなわち電極表面からの距離 $x=0$ ではつねに $i/nF = J = -D(\partial c/\partial x)_{x=0}$ が成立する．そこで，定常状態における酸化反応の反応物 R の拡散速度すなわち電流密度 $i_{\mathrm{a}}(=nFJ_{\mathrm{R}})$ は，次式で表される．

$$i_{\mathrm{a}} = nFD_{\mathrm{R}}(c^{\mathrm{b}}{}_{\mathrm{R}} - c^{\mathrm{s}}{}_{\mathrm{R}})/\delta \tag{5.18}$$

ここで，D_{R} は反応物 R の拡散係数（diffusion coefficient）であり，$c^{\mathrm{b}}{}_{\mathrm{R}}$ と $c^{\mathrm{s}}{}_{\mathrm{R}}$ はそれぞれ溶液内部と電極表面における R の濃度である．また，δ は濃度勾配が存在する領域の電極表面からの距離で，拡散層の厚さを示す．なお，定常状態では δ は一定であるとみなされる．

還元反応の反応物 O の拡散速度すなわち電流密度 i_{c} も，同様に，次式で表される．

$$i_{\mathrm{c}} = nFD_{\mathrm{O}}(c^{\mathrm{b}}{}_{\mathrm{O}} - c^{\mathrm{s}}{}_{\mathrm{O}})/\delta \tag{5.19}$$

ここで，D_{O} は反応物 O の拡散係数であり，$c^{\mathrm{b}}{}_{\mathrm{O}}$ と $c^{\mathrm{s}}{}_{\mathrm{O}}$ はそれぞれ溶液内部と電極表面における O の濃度である．

いま，アノード過電圧が十分に大きく，拡散過程が律速である場合には，図5.6(b) に示すように，式(5.18) の $c^{\mathrm{s}}{}_{\mathrm{R}}$ が 0 となるので，可能な最大電流密度は次式で表される．

$$i_{\mathrm{a,lim}} = nFD_{\mathrm{R}}c^{\mathrm{b}}{}_{\mathrm{R}}/\delta \tag{5.20}$$

他方，カソード過電圧が大きく，拡散過程が律速である場合には，式(5.19) の $c^{\mathrm{s}}{}_{\mathrm{O}}$ が 0 となるので，可能な最大電流密度は次式で表される．

$$i_{\mathrm{c,lim}} = nFD_{\mathrm{O}}c^{\mathrm{b}}{}_{\mathrm{O}}/\delta \tag{5.21}$$

これらの可能な最大電流密度 $i_{\mathrm{a,lim}}$ および $i_{\mathrm{c,lim}}$ は限界電流密度（limiting current density）とよばれる．

先の電荷移動過程と物質移動過程の両方を考慮した式(5.12) において，たとえばアノード過電圧が大きい（$\eta \gg RT/\alpha_{\mathrm{a}}nF$）ときには，右辺第2項を無視することができる．その式の両辺の対数をとり，η について整理すると次のようになる．

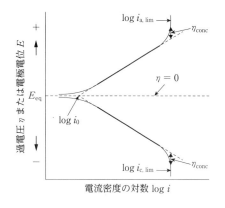

図 5.7 電流密度の対数 $\log i$-過電圧 η または電極電位 E 線図上で認められる限界電流密度 $i_{\lim}$ と濃度過電圧 η_{conc}

$$\eta = -(RT/\alpha_\mathrm{a} nF)\ln i_0 + (RT/\alpha_\mathrm{a} nF)\ln i$$
$$\qquad - (RT/\alpha_\mathrm{a} nF)\ln(c^\mathrm{s}_\mathrm{R}/c^\mathrm{b}_\mathrm{R}) \qquad (5.22)$$

この式を電荷移動過程が律速のときの式(5.14)と比較すると,右辺第3項が加わっていることがわかる.第1項と第2項は活性化過電圧(activation overvoltage)であるが,第3項は物質移動に起因したものである.この第3項は濃度過電圧(concentration overvoltage)η_{conc} とよばれる.すなわち,

$$\eta_{\mathrm{conc}} = -(RT/\alpha_\mathrm{a} nF)\ln(c^\mathrm{s}_\mathrm{R}/c^\mathrm{b}_\mathrm{R}) \qquad (5.23)$$

ターフェル直線と濃度過電圧の関係を図5.7に示す.

5.4 IR 損の影響

電極反応の速度は電荷移動過程や物質移動過程が律速になるばかりでなく,電解質溶液,電極/電解質溶液界面,電極の内部や表面あるいは隔膜などの電気抵抗が大きいために生ずる IR 損(IR loss)によって遅くなることもある.もちろん,電解電流が I アンペア(A)で系の抵抗が R オーム(Ω)の場合,IR 損による分極値は IR ボルト(V)になる.IR 損が大きい場合には,IR 損に起因する分極が電池の反応や電気分解に大きな影響を与える.この場合には,電流-電位曲線上にオームの法則に従う直線が現れる.そのため電極の面積を大きくする,電極間隔を狭くする,電解質溶液の電気伝導率を向上させる,電解質溶液をかくはんする,系を流動系にする,電極上に導電性のよくない生成物が生じないようにする,などの工夫をすることにより IR 損を低減させねばならない.

5.5 電極反応速度の測定法

電気化学測定法の詳細は第12章で述べるが，ここでは電極反応速度（電流-電位曲線）を測定するのによく用いられる電解セルについて少し述べておこう．通常用いられる電解セルの一例を図5.8に示す．通常は，測定対象の電極反応が起こる作用電極の面積はもう一方の電極である対極よりも小さくする．これは電極反応に伴う分極が主として作用電極上で生じるようにするためである．そして，作用電極の電位は参照電極（reference electrode）を基準にして測定される．この際，電解質溶液中のIR損に基づく電圧降下を低減するために，ルギン毛管（Luggin capillary）とよばれる参照電極への液体連絡用ガラス管の先端を作用電極の表面に近いところに位置させる必要がある．ただし，電流分布を乱さないために，ルギン毛管先端部の外径の2倍以内には近づけないように注意しなければならない．このような測定法は3電極式とよばれるものである．このほかに，電解セル中の対極に表面積の非常に大きなものを用いてその分極を無視し得るくらい小さくし，これに参照電極としての役割を兼ねさせ，この対極と作用電極を用いる2電極式の測定法も採用することができる．

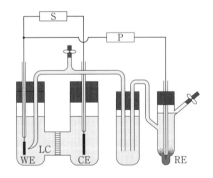

図 5.8 電極反応の研究に用いられる電解セルと測定系の例
WE：作用電極，CE：対極，RE：参照電極，LC：ルギン毛管，S：電源，P：電位差計．

5.6 電極触媒作用

電極反応の速度は，使用した電極の種類や性状によって変わることがしばしばある．その際でも，通常，電極自身は反応の前後において変化しない．このように，電極はたんに導電体としてだけでなく，電極触媒（electrocatalyst）としても働

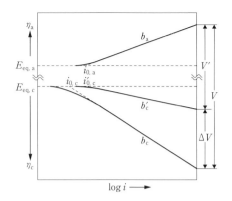

図 5.9 陰極過電圧 η_c および槽電圧 V に及ぼす交換電流密度 i_0 とターフェル勾配 b の影響
E_{eq} は平衡電位,ΔV は電圧の節約分を示す.

く.その作用を電極触媒作用あるいはエレクトロキャタリシス(electrocatalysis)という.

図 5.9 には,水の電気分解などを想定して,アノード(陽極)は 1 種類でカソード(陰極)に 2 種類の電極を用いた場合の電流と電位の関係を示してある.これから明らかなように,交換電流密度 i_0 が大きくてターフェル勾配 b が小さい電極ほど,一定電流密度における過電圧は小さい.言い換えれば,一定過電圧における電流密度すなわち反応速度は大きい.そのような電極を使用すると,電気分解に要する電圧が低くてすみ,したがって電気エネルギーがより多く節約できることにな

表 5.1 代表的な金属電極上での水素電極反応の $\log i_0$ と b の値(酸性水溶液中,室温)

	$\log i_0$ (i_0 : A m^{-2})	b (V decade^{-1})		$\log i_0$ (i_0 : A m^{-2})	b (V decade^{-1})
Pd	+1.6	0.03, 0.12	Ti	−2.9	0.12〜0.16
Rh	+1.5	0.03, 0.12	Nb	−3.3	0.11〜0.12
Pt	+0.7	0.03	Cu	−3.4	0.10〜0.12
Ir	+0.7	0.12	Ta	−3.8	0.12
Ru	+0.7	0.12	Sb	−4.7	0.10〜0.12
Co	−0.9	0.10〜0.15	Sn	−5.2	0.12
Ni	−1.2	0.10〜0.12	Bi	−6.4	0.12
Au	−1.7	0.10〜0.12	Zn	−6.5	0.12
Fe	−1.8	0.12	Mn	−6.9	0.12
Ag	−2.4	0.06, 0.12	Hg	−7.9	0.12
W	−2.4	0.06〜0.12	Cd	−8.0	0.12
Mo	−2.5	0.08〜0.11	Pb	−8.6	0.12

る．

　代表的な金属電極上での水素電極反応の $\log i_0$ と b の値を表 5.1 に示す．Pd 電極の i_0 は Pb 電極の i_0 に比べて 100 億倍も大きいことがわかる．

演 習 問 題

5.1 電解電流が電極反応の速度に対応することを示しなさい．
5.2 バトラー–フォルマー式から過電圧が十分大きいときと小さいときの過電圧と電流の関係を表す式を誘導しなさい．
5.3 過電圧が十分大きいときと小さいときの過電圧と電流の関係を図示しなさい．
5.4 交換電流密度 i_0 について説明し，その求め方を述べなさい．
5.5 ある金属 M のアノード溶解反応に対するターフェル勾配 b_a は $+0.0600$ V decade^{-1} である．M^{n+} の活量 $a_{M^{n+}}$ が 1 の溶液中における金属 M の電位が -0.285 V $vs.$ SHE のときの電流密度を求めなさい．ただし，この反応の交換電流密度 i_0 は 1.20×10^{-4} A m^{-2} であると仮定する．また，標準電極電位については $E°(M^{n+}|M) = -0.440$ V $vs.$ SHE とする．
5.6 濃度 0.100 mol dm^{-3} のある有機化合物を静止溶液中でアノード酸化すると，拡散過程が律速となり限界電流が観測される．その限界電流密度を計算で求めなさい．ただし，その有機化合物の反応電子数 n は 2，拡散係数 D_R は 5.00×10^{-9} m^2 s^{-1}，拡散層の厚さ δ は 5.00×10^{-4} m であると仮定する．
5.7 電極触媒作用（エレクトロキャタリシス）について簡単に説明しなさい．
5.8 電極触媒の活性を評価する基準について述べなさい．

第6章　電池によるエネルギーの変換と貯蔵

　電池（cell, battery）[*1]はそれ自身が独立したエネルギー変換デバイスであり，大小さまざまな電池が海底から宇宙までの広い範囲で使用されている．電池はエネルギー変換効率（energy conversion efficiency）が非常に高いので，生活の利便さやその質の向上をはかるために必要なだけでなく，地球環境問題や省資源・省エネルギーなどとの関係で，太陽エネルギーをはじめとする自然のクリーンなエネルギーや夜間の余剰電力などを貯蔵する手段としても，きわめて重要である．本章では，実用電池および電池と同じようなエネルギー貯蔵機能をもつ電気化学キャパシタ（electrochemical capacitor）について，それらのしくみと働きについて述べる．

6.1　実用電池の基礎

6.1.1　電池の定義と分類

　太陽電池（solar cell）や原子力電池（nuclear cell）のような物理電池（physical cell）および生物の機能を利用する生物電池（biological cell, biocell）も広い意味では電池に含まれるが，通常，電池といえば化学反応を利用する化学電池（chemical cell）をさす．化学電池は，活物質（active material）とよばれる反応物が電極で酸化還元反応する際に生じるエネルギー，すなわち化学反応に伴うギブズエネルギーの減少分を，直接，電気エネルギーに変換し，電流として外部へ取り出す装置であり，後述する一次電池（primary cell），二次電池（secondary cell, secondary battery）および燃料電池（fuel cell）がこれに該当する．いずれの場合にも，負極活物質には還元力の強いものを選び，正極活物質には酸化力の強いものを選んで，

[*1]　cell と battery は，もともとは別の概念（前者は"電池"構成のユニットとして，後者は一つまたは複数の cell の組合せで，デバイスとして機能するもの）であったが，現在では明確な区別はなく，本書では，慣用的に cell が使われる場合を除いて，battery を使用する．

これらを自発的に反応させ，それに伴って生ずる電子を外部回路へ流して電気エネルギーを得るしくみになっている．

6.1.2 電池の構成，反応および起電力

化学電池の基本的な構成は図 6.1 に示す通りであり，正負両極（活物質），電解質および隔膜（diaphragm）（セパレータ（separator）ともいう）から構成されている．隔膜はカチオン，アニオンのみを通過させ，それ以外の正負両極の反応物，生成物あるいは電解質の混合を防止したり，両極の短絡を防止したりする目的で通常使用されるが，それが必要でない場合もある．

電池を表示する場合，第 3 章で述べたような国際規約に従えば，還元体，酸化体をそれぞれ R, O とし，負極，正極にそれぞれ A, C をつけると，化学電池は

$$(-)R(A)\,|\,電解質\,|\,O(C)(+) \tag{6.1}$$

で一般的に表示される．ここで，R(A), O(C) はそれぞれ負極活物質，正極活物質である．負極では

$$R(A) \longrightarrow O'(A) + n\,e^- \tag{6.2}$$

の酸化反応が起こり，正極では

$$O(C) + n\,e^- \longrightarrow R'(C) \tag{6.3}$$

の還元反応が起こる．ここで，O'(A), R'(C) はそれぞれ負極での酸化生成物，正極での還元生成物であり，反応の係数（化学量論数）は簡単のためすべて 1 としてある．電池反応は両極での反応を加えることによって得られ，次のようになる．

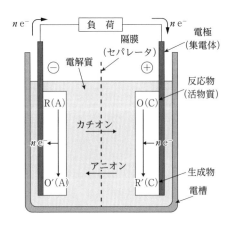

図 6.1　化学電池の構成

$$R(A) + O(C) \longrightarrow O'(A) + R'(C) \tag{6.4}$$

また,第3章で述べたように,電池の起電力は次に示すネルンスト式(Nernst equation)で与えられる.

$$U = U° + (RT/nF)\ln(a_{R(A)}a_{O(C)}/a_{O'(A)}a_{R'(C)}) \tag{6.5}$$

ここで,$U°$は電池反応に関与するすべての成分が標準状態すなわち活量1の状態にあるときの起電力であり,電池の標準起電力(standard electromotive force)とよばれる.また,負極の電位E_Aと正極の電位E_Cはそれぞれ式(6.2)および式(6.3)に示されるネルンスト式に従う.

$$E_A = E_A° + (RT/nF)\ln(a_{O'(A)}/a_{R(A)}) \tag{6.6}$$
$$E_C = E_C° + (RT/nF)\ln(a_{O(C)}/a_{R'(C)}) \tag{6.7}$$

これらの電極電位と電池の起電力Uとの間には次式の関係がある.

$$U = E_C - E_A \tag{6.8}$$

したがって,電池の起電力を大きくするには,負極活物質として卑な電位を示す(還元力が強い)ものを選び,正極活物質としては貴な電位を示す(酸化力が強い)ものを選ぶ必要がある.

上記のような電池反応が可逆的に進行する場合には電池の起電力は最大となるが,実際に電池を放電させて電流を取り出す際には,つねに,熱発生のような不可逆的な現象が伴う.その分だけ,放電中の電池起電力はギブズエネルギーの減少量から計算される理論起電力(theoretical electromotive force)よりつねに小さくなる.そのような電圧降下の主な内訳は,正負両極と電解質の界面における電荷移動の遅れや電極近傍での物質移動の遅れなどに起因する分極(polarization)と電極,電解質,セパレータなどのオーム抵抗に起因するIR損(IR loss)である.したがって,負極での過電圧をη_A,正極での過電圧をη_C,オーム損をIRとすれば,実際に電流を取り出すときの電池の起電力$U(I)$は

$$U(I) = U - \eta_A - |\eta_C| - IR \tag{6.9}$$

で表される.このように,電流を取り出したとき電池電圧が降下するのを,ちょうど電池内に抵抗R_{int}があり,電流Iが流れるときの電圧降下($\Delta U = U - U(I)$)がこの抵抗によるもの($\Delta U = IR_{int}$)とみなして,このR_{int}を電池の内部抵抗(internal resistance)とよぶ.しかし,この抵抗R_{int}は,式(6.9)中の過電圧(η_A, $|\eta_C|$)の寄与も含んでいるので,ふつうのオーム抵抗とは異なり,電池の放電につれて変化する.図6.2は電池電圧,電極電位と放電電流の関係を模式的に示

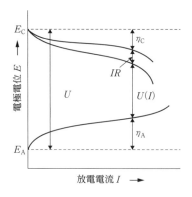

図 6.2 電池電圧, 電極電位と放電電流の関係

したものである.

6.1.3 電池の容量, エネルギー密度および出力密度

電池から得られる理論電気量すなわち理論容量（theoretical capacity）Q（クーロン C ＝ A s）は第1章で述べたファラデーの電気分解の法則に基づいて計算される.

$$Q = Fm/(M/n) \tag{6.10}$$

ここで, F はファラデー定数（96 485 C mol^{-1} ＝ 26.8 Ah mol^{-1}）, m は電池活物質の総質量（g）, M は電池活物質のモル質量（g mol^{-1}）の総和, n は反応に関与する電子の数である. 単位質量または単位体積当たりの電気量すなわち放電容量（discharge capacity）は Ah kg^{-1} または Ah dm^{-3} のような単位で表され, これらの値を大きくするには, ファラデーの電気分解の法則から明らかなように, 化学当量（M/n）が小さいもの, すなわち反応電子数が多くてモル質量が小さいものを活物質として選ぶ必要がある.

電池から取り出されるエネルギーは起電力と電気量の積で与えられる. 質量および体積基準でのエネルギー密度（energy density）はそれぞれ Wh kg^{-1} および Wh dm^{-3} のような単位で表され, 必要な電気量をいかに軽く, 小さな電池でまかなえるかを示す尺度である. どのような用途の電池においてもこの値は大きいことが望ましい. 理論エネルギー密度（theoretical energy density）は, 通常, 電池反応式に対応する活物質だけを考慮して計算することが多いが, 実際にはセパレータ, 電解質, 容器などを考慮に入れる必要があるし, さらに反応速度, 活物質の利

用率 (utilization)*2，自己放電率 (self-discharge rate)*3 などを考慮して正極活物質あるいは負極活物質のいずれかを理論量より過剰に充填することが多い．このため，現実のエネルギー密度は理論値よりもはるかに小さな値となる．

電池から取り出される出力は電流と電圧の積で与えられる．質量および体積基準での出力密度 (power density) は $W\ kg^{-1}$ および $W\ dm^{-3}$ のような単位で表され，電気自動車など，用途によっては高い出力密度が要求される．すなわち，大きな電流あるいは出力を取り出しても電圧があまり下がらないことが望ましい．

6.1.4 実用電池に求められる条件

電池の定義からも明らかなように，ギブズエネルギーの減少を伴うすべての化学反応は，原理的には電池に組み立てることができる．しかし，それが実用電池となるためには，一般に次のような条件を満足していなければならない．
(1) エネルギー密度が高いこと
(2) 出力密度が高いこと
(3) 温度特性がよいこと
(4) 自己放電が少なく，保存性がよいこと
(5) 作動寿命が長いこと，すなわち充放電サイクル寿命 (cycle life) とカレンダー寿命 (calendar life) が長いこと
(6) エネルギー変換効率が高いこと
(7) 取扱いが容易であること，とくに二次電池では，大きな電流で短時間に充電 (急速充電) できること，また保守不要 (メンテナンスフリー) であること
(8) 安全性，信頼性が高いこと
(9) 無公害で，リサイクルも容易であること (環境に有害な物質を含まないこと)
(10) 経済性が優れていること
以上のすべての条件を完全に満たす電池は実際には望み得ないので，使用目的に

＊2　活物質のうち放電の際に反応に関与する割合のことをさし，実用電池では利用率が高いものが好ましい．
＊3　外部に電流を取り出さなくても活物質が自然に消耗してしまう現象のことで，その主な原因として，活物質の酸化生成物あるいは還元生成物が電解質と望ましくない反応を起こすことなどが指摘されている．

応じて,たとえば,取り出せる電流は小さくても長期間にわたり安定な電圧を保持するもの,軽量,小型のわりに多くの電気エネルギーを取り出せるもの,一時的にでも大電流を取り出せるもの,保存性が非常によいもの,コストが高くても信頼性が非常に高いものなど,重点的な条件を満足する比較的限られた電池が製造されている.

6.2 一次電池

一次電池(primary cell)とは,一度放電してその容量を失うと廃棄して新しいものと取り替えなければならない電池,すなわち充放電の繰返しができない電池である.一次電池の形状には円筒形,ボタン形,コイン形,角形などが多い.主な実用一次電池の種類,構成,公称電圧(nominal voltage)などを表6.1に示す.

表 6.1 主な実用一次電池の概要

種類	構成			公称電圧(V)	特長および主な用途
	負極活物質	電解質	正極活物質		
マンガン乾電池	Zn	$NH_4Cl + ZnCl_2$ または $ZnCl_2$	MnO_2	1.5	古くから使用,安価で経済的,軽負荷放電や重負荷間欠放電に適する,懐中電灯,時計,玩具,リモコン,ガスや石油機器の自動点火
アルカリマンガン乾電池	Zn	KOH または NaOH(ZnO)	MnO_2	1.5	乾電池の大半を占める,マンガン乾電池の2倍以上の容量,重負荷放電に適する,デジタルカメラ,ヘッドホンステレオ,玩具,携帯ゲーム機,歩数計
酸化銀電池	Zn	KOH または NaOH(ZnO)	Ag_2O	1.55	作動電圧が非常に安定,クオーツ時計,露出計などの精密電子機器
亜鉛-空気電池	Zn	KOH または NaOH(ZnO)	空気(O_2)	1.4	酸化銀電池より高容量,補聴器
二酸化マンガンリチウム電池	Li	$LiClO_4$, $LiBF_4$ または $LiCF_3SO_3$ (PC[*1] + DME[*2])	MnO_2	3.0	電圧が3Vと高い,軽い,自己放電が少ない,エネルギー密度が高い,カメラ,ガスメーター,水道メーター,パソコン,ビデオデッキ,炊飯器などのメモリー機能や時計機能のバックアップ,車のキーレスエントリー,電子手帳やポケット式のライト

[*1] プロピレンカーボネート, [*2] 1,2-ジメトキシエタン.

6.2.1 マンガン乾電池

マンガン乾電池（manganese dry cell）は正極活物質として二酸化マンガンを用いる乾電池（dry cell）である．負極活物質には亜鉛を用い，電解質には $ZnCl_2$ を主成分とする $(NH_4Cl + ZnCl_2)$ 混合水溶液を用いる．したがって，電池構成は $Zn\,|\,(NH_4Cl + ZnCl_2)\,|\,MnO_2(C)$ のように表される．また，電池反応は次の通りである．

負極反応：　　$4\,Zn + ZnCl_2 + 8\,H_2O \longrightarrow$
$$ZnCl_2 \cdot 4\,Zn(OH)_2 + 8\,H^+ + 8\,e^- \tag{6.11}$$

正極反応：　　$MnO_2 + H^+ + e^- \longrightarrow MnOOH \tag{6.12}$

電池反応：　　$4\,Zn + ZnCl_2 + 8\,H_2O + 8\,MnO_2 \longrightarrow$
$$ZnCl_2 \cdot 4\,Zn(OH)_2 + 8\,MnOOH \tag{6.13}$$

これから明らかなように，この電池は放電の進行につれて電解質溶液中の水が消費されるため，耐漏液性に優れている．円筒形マンガン乾電池の構造を図 6.3 に示す．マンガン乾電池では，正極合剤[*4]が集電体の炭素棒を囲んで大部分の容積を占め，正極合剤と外側の負極亜鉛缶の間に薄いクラフト紙に粘剤が塗布されたセパレータを介在させてある．これをペーパーラインド方式という．

マンガン乾電池は取り扱いやすく，かつ安価であるので簡易電源として古くから

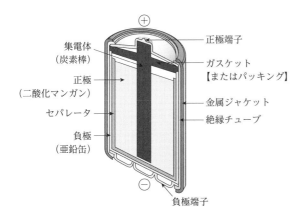

図 6.3 円筒形マンガン乾電池の構造

[*4] 二酸化マンガン粉末をアセチレンブラックなどの導電剤と混合し，塩化亜鉛水溶液などの電解質溶液で練り固めたもの．

よく使われている．とくに，掛け時計・置き時計のように小さな電力で長時間使う機器やリモコン，ガス・石油機器の自動点火など大きな電力で短い時間で時々使うものに適している．

6.2.2 アルカリマンガン乾電池

アルカリマンガン乾電池（alkaline manganese dry cell）はマンガン乾電池と同様に正極活物質として二酸化マンガンを用いるが，マンガン乾電池とのもっとも大きな違いは電解質として ZnO を飽和させた強アルカリ性の濃厚 KOH 水溶液を用いる点である．したがって，電池構成は $Zn\,|\,KOH(ZnO)\,|\,MnO_2(C)$ のように表される．また，電池反応は次の通りである．

負極反応：　$Zn + 2\,OH^- \longrightarrow ZnO + H_2O + 2\,e^-$ 　　　(6.14)

正極反応：　$MnO_2 + 2\,H_2O + 2\,e^- \longrightarrow Mn(OH)_2 + 2\,OH^-$ 　　(6.15)

電池反応：　$Zn + MnO_2 + H_2O \longrightarrow ZnO + Mn(OH)_2$ 　　　(6.16)

円筒形アルカリマンガン乾電池の構造を図 6.4 に示す．アルカリマンガン乾電池は表面積の大きい亜鉛粉末を用い，電解質として濃厚アルカリ水溶液を用いることによって大電流放電や温度特性を向上させ，高容量化がはかられている．しかし，同時に，亜鉛負極の自己放電（反応式：$Zn + H_2O \rightarrow ZnO + H_2$）が起こりやすくなるとともに放電生成物の ZnO が蓄積して負極亜鉛が不動態化しやすくなるので，種々の対策が施されている．たとえば，自己放電を抑制するために，あらかじめ最終放電生成物である ZnO を飽和させた 8～11 mol dm^{-3} KOH 水溶液を用い

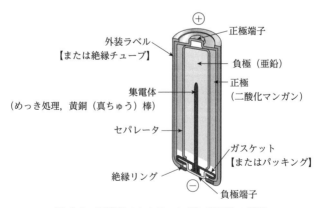

図 6.4　円筒形アルカリマンガン乾電池の構造

るとともに，水素過電圧の高い Pb, In, Bi, Al, Ga などを加えた耐食性のよい亜鉛合金を用いる無アマルガム化亜鉛負極が採用されている．また，負極亜鉛の不動態化に対しては，ポリアクリル酸，ポリアクリル酸ナトリウムなどでゲル化した電解質溶液に亜鉛粉末を分散させ表面積を広くすることにより負極亜鉛としての機能が持続するように工夫されている．そして，ゲル化した負極亜鉛を用いるため，マンガン乾電池とは正極と負極の配置を逆にしたインサイドアウト型構造（inside-out type structure）とよばれる構造が採用されている．アルカリマンガン乾電池が高い放電容量を示すのは，このように正極と負極の活物質の充填量が多くなり，内部抵抗が低くて活物質の利用率が高くなるような構造によるところが大きい．マンガン乾電池に比べて電圧平坦性や負荷特性なども優れている．

アルカリマンガン乾電池は大きな電力が必要な機器，たとえばデジタルカメラ，CD ラジカセ，ヘッドホンステレオ，モーターを使う玩具など比較的長い時間使う用途に適している．アルカリマンガン乾電池はマンガン乾電池の 2 倍以上長く使えるため，現在では市販乾電池の大半を占めている．

6.2.3 酸化銀電池

酸化銀電池（silver oxide battery）は正極活物質として酸化銀を用い，負極活物質として亜鉛，電解質としてアルカリ水溶液を用いた電池である．したがって，電池構成は $Zn\,|\,KOH(ZnO)\,|\,Ag_2O$ のように表される．また，電池反応は次の通りである．

$$負極反応：\quad Zn + 2\,OH^- \longrightarrow ZnO + H_2O + 2\,e^- \qquad (6.17)$$

$$正極反応：\quad Ag_2O + H_2O + 2\,e^- \longrightarrow 2\,Ag + 2\,OH^- \qquad (6.18)$$

$$電池反応：\quad Zn + Ag_2O \longrightarrow ZnO + 2\,Ag \qquad (6.19)$$

酸化銀電池の最大の特長は放電電圧が約 1.55 V と高くて，非常に安定していることである．寿命に至る直前までほぼ最初の電圧を保つため，高価ではあるが，環境保全などの点から酸化水銀を用いる水銀電池（mercury battery）に代わってクオーツ時計，露出計などの精密電子機器用の電源としてボタン形でよく使われる．

酸化銀のような金属酸化物を正極活物質とするボタン形アルカリ電池（button-type alkaline battery）の代表的な構造を図 6.5 に示す．

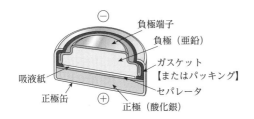

図 6.5 ボタン形酸化銀電池の構造

6.2.4 空気電池

空気電池（air battery）は空気中の酸素を正極活物質として利用する．そのため，正極は触媒層の体積だけでよく，ほかの一次電池に比べて多量の負極活物質を充塡できるので，高いエネルギー密度が得られる．たとえば，同じ大きさのボタン形電池で比較すると，亜鉛-空気電池（zinc-air battery）の体積基準でのエネルギー密度はアルカリマンガン乾電池の約 5.5 倍，酸化銀電池の約 3 倍である．

もっとも代表的な空気電池は亜鉛-空気電池であり，負極活物質に亜鉛，電解質にアルカリ水溶液が用いられ，正極（触媒層）材料としてカーボンが用いられる．したがって，この電池の構成は $Zn\,|\,KOH(ZnO)\,|\,O_2(C)$ のように表される．また，電池反応は次の通りである．

$$\text{負極反応：} \quad Zn + 2\,OH^- \longrightarrow ZnO + H_2O + 2\,e^- \tag{6.20}$$

$$\text{正極反応：} \quad 1/2\,O_2 + H_2O + 2\,e^- \longrightarrow 2\,OH^- \tag{6.21}$$

$$\text{電池反応：} \quad Zn + 1/2\,O_2 \longrightarrow ZnO \tag{6.22}$$

亜鉛-空気電池は経済的な電池であり，また酸化銀電池などのほかのボタン形電池より長く使えるので，連続して使う補聴器などに適している．図 6.6 にボタン形亜鉛-空気電池の構造を示す．使用時に外底部のシール紙をはがし，空気孔を開け

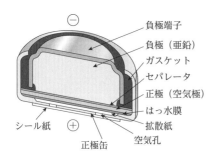

図 6.6 ボタン形亜鉛-空気電池の構造

た状態にすると発電が始まる．

6.2.5 リチウム電池

　リチウム一次電池（lithium primary cell）は負極活物質として金属リチウムを用いる一次電池である．リチウムは標準電極電位が負に大きく（イオン化傾向が大きく），しかも軽い金属であるため，それを用いたリチウム一次電池は3V前後の高い電圧を示すとともに約300 Wh kg^{-1}と非常に高いエネルギー密度を有する．また，自己放電が少ないのも特長である．なお，リチウムは水と反応するので，電解質としては有機非水溶液，無機非水溶液あるいは固体電解質が使用される．リチウム一次電池は使用する正極活物質や電解質によっていくつかの種類に分けられるが，もっとも代表的なものは二酸化マンガンリチウム電池（manganese dioxide-lithium cell）である．

　二酸化マンガンリチウム電池は負極活物質に金属リチウム，電解質に過塩素酸リチウム（LiClO$_4$），テトラフルオロホウ酸リチウム（LiBF$_4$）あるいはトリフルオロメタンスルホン酸リチウム（LiCF$_3$SO$_3$）を溶解したプロピレンカーボネート（PC）[*5]と1,2-ジメトキシエタン（DME）の混合溶液，正極活物質に二酸化マンガンが用いられる．したがって，電池構成は，たとえばLi｜LiClO$_4$(PC + DME)｜MnO$_2$のように表される．また，電池反応は次の通りである．

　　　負極反応：　Li $\longrightarrow$ Li$^+$ + e$^-$　　　　　　　　　　　　　(6.23)
　　　正極反応：　Mn^{IV}O$_2$ + Li$^+$ + e$^-$ $\longrightarrow$ Mn^{III}O$_2$(Li$^+$)　　　(6.24)
　　　電池反応：　Li + Mn^{IV}O$_2$ $\longrightarrow$ Mn^{III}O$_2$(Li$^+$)　　　　　(6.25)

このように，放電過程は，形式的には負極で生成したLi$^+$が正極活物質であるMnO$_2$の結晶格子内の空隙へ挿入される反応である．

　コイン形リチウム電池の構造を図6.7に示す．この電池は有機溶媒からなる非水電解質溶液（nonaqueous electrolyte solution）を用いているため，低温特性や自己放電特性にも優れている．

　二酸化マンガンリチウム電池はフッ化黒鉛リチウム電池とともに1970年代に日本で開発された世界最初のリチウム一次電池であり，現在，カメラ，ガスメー

＊5　有機炭酸エステル（carbonate）は一般に"カルボナート"と表記されるが，電池分野をはじめとして工業的には"カーボネート"と表記される場合が多いので，本書では後者の表記とする．

図 6.7 コイン形リチウム電池の構造

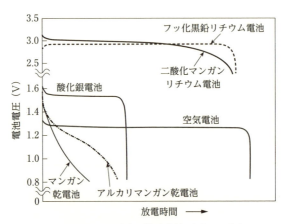

図 6.8 主な実用一次電池の放電曲線（ボタン形あるいはボタン形に換算）

ター，水道メーター，パソコン，ビデオデッキ，炊飯器などのメモリー機能や時計機能のバックアップ，車のキーレスエントリー，電子手帳やポケット式ライトなどに幅広く使われている．

図 6.8 には主な実用一次電池を定負荷で放電させたときの性能を比較してある．

6.3 二 次 電 池

二次電池（secondary cell, battery）は充放電の繰返しができる電池（rechargeable battery），すなわち一度放電したものに外部電源から逆方向の直流を流して充電すると，再び容量を回復するので，繰り返して使用できる電池である．主な実用二次電池の種類，構成，公称電圧などを表 6.2 に示す．

表 6.2 主な実用二次電池の概要

種類	構成			公称電圧 (V)	特長および主な用途
	負極活物質	電解質	正極活物質		
鉛蓄電池	Pb	H_2SO_4	PbO_2	2.0	信頼性, 経済性を有し, 広範囲に普及, 自動車用, 二輪車用, 電気自動車, フォークリフト, 無停電電源装置, 病院や公共設備の非常用電源
ニッケル-カドミウム電池	Cd	KOH	NiOOH	1.2	経済的, 耐過充電過放電性能に優れる, 完全密閉化によりポータブル・コードレス機器に対応, 電動歯ブラシ, シェーバー, 電動工具, 非常灯
ニッケル-水素電池	MH[*1]	KOH	NiOOH	1.2	ニッケル-カドミウム電池と電圧互換性があり, かつニッケル-カドミウム電池の約2倍の高い比容量をもつ, 耐過充電過放電性能に優れる, ヘッドホンステレオ, シェーバー, ノートパソコン, ハイブリッド車, 電動アシスト自転車, アルカリ乾電池代替分野への用途拡大中
リチウムイオン電池	C	$LiPF_6$ ($EC^{*2}+PC^{*3}+DMC^{*4}$ または DEC^{*5}) または $LiBF_4$ ($PC^{*3}+EC^{*2}+BL^{*6}$)	$LiCoO_2$ または $LiMn_2O_4$	3.6 または 3.7	ニッケル水素電池などの約3倍の高電圧, 高エネルギー密度, ただし, Co系は高価, Mn系は安価, 携帯電話, ノートパソコン, ビデオカメラ, デジタルカメラ, モバイル機器になくてはならない最先端の電池

[*1] 金属水素化物, [*2] エチレンカーボネート, [*3] プロピレンカーボネート, [*4] ジメチルカーボネート, [*5] ジエチルカーボネート, [*6] γ-ブチロラクトン.

6.3.1 鉛蓄電池

鉛蓄電池 (lead storage battery, lead-acid battery) は非常に長い歴史を有する二次電池である. 負極活物質, 正極活物質および電解質にはそれぞれ鉛, 二酸化鉛, 硫酸水溶液 (比重 1.20〜1.30) を用いる. したがって, この電池の構成は $Pb\,|\,H_2SO_4\,|\,PbO_2$ で表される. また, 充放電反応は次の通りである.

$$\text{負極反応:} \quad Pd + SO_4^{2-} \underset{\text{充電}}{\overset{\text{放電}}{\rightleftarrows}} PbSO_4 + 2\,e^- \tag{6.26}$$

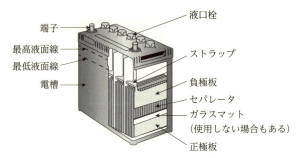

図 6.9 開放型鉛蓄電池の構造

$$\text{正極反応：} \quad \text{PbO}_2 + 4\,\text{H}^+ + \text{SO}_4^{2-} + 2\,\text{e}^- \underset{\text{充電}}{\overset{\text{放電}}{\rightleftharpoons}} \text{PbSO}_4 + 2\,\text{H}_2\text{O} \tag{6.27}$$

$$\text{電池反応：} \quad \text{Pb} + \text{PbO}_2 + 2\,\text{H}_2\text{SO}_4 \underset{\text{充電}}{\overset{\text{放電}}{\rightleftharpoons}} 2\,\text{PbSO}_4 + 2\,\text{H}_2\text{O} \tag{6.28}$$

開放型鉛蓄電池の構造を図 6.9 に示す．正極板と負極板とはセパレータを介して交互に対向させて配置し，極板の上部で鉛合金導体に溶接して極板群を構成する．

なお，密閉型鉛蓄電池で完全に密閉化してメンテナンスフリーとするには，負極吸収式や触媒式などいくつかの方法がある．負極吸収式とは，過充電時に正極から発生する酸素ガスを負極で吸収させるものであり，その反応は次式で示される．

$$\text{Pb} + 1/2\,\text{O}_2 + \text{H}_2\text{SO}_4 \longrightarrow \text{PbSO}_4 + \text{H}_2\text{O} \tag{6.29}$$

この負極で生成する PbSO_4 は充電によって Pb に還元されるので，充電時に負極から水素ガスは発生しない．他方，触媒式とは，発生する水素ガスと酸素ガスを Pd 触媒や Pt 触媒の作用で再結合させ，水として電池内に戻すものである．

鉛蓄電池は長い歴史に培われた信頼性と経済性があり，さらには優れたリサイクル性も有するため，広範囲に普及している．おもに自動車用や二輪車用などのほかに，電気自動車やフォークリフト，さらには無停電電源装置（uninterrupted power supply, UPS），病院や公共施設の非常用電源などとして幅広く使われている．

6.3.2 ニッケル-カドミウム電池

電解質に KOH を主とするアルカリ水溶液を用いた二次電池はアルカリ蓄電池

(alkaline storage battery）とよばれ，代表的なものに歴史の古いニッケル-カドミウム電池（nickel-cadmium battery）と 1990 年頃に日本で実用化されたニッケル-水素電池（nickel-hydrogen battery）（ニッケル-金属水素化物電池（nickel-metal hydride battery）ともいう）[*6] がある．

ニッケル-カドミウム電池は負極活物質にカドミウムを用い，正極活物質にオキシ水酸化ニッケル（NiOOH）を用いるものである．したがって，この電池の構成は Cd｜KOH｜NiOOH のように表される．また，充放電反応は次の通りである．

$$\text{負極反応：} \quad Cd + 2\,OH^- \underset{\text{充電}}{\overset{\text{放電}}{\rightleftarrows}} Cd(OH)_2 + 2\,e^- \tag{6.30}$$

$$\text{正極反応：} \quad NiOOH + H_2O + e^- \underset{\text{充電}}{\overset{\text{放電}}{\rightleftarrows}} Ni(OH)_2 + OH^- \tag{6.31}$$

$$\text{電池反応：} \quad Cd + 2\,NiOOH + 2\,H_2O \underset{\text{充電}}{\overset{\text{放電}}{\rightleftarrows}} Cd(OH)_2 + 2\,Ni(OH)_2 \tag{6.32}$$

この電池の 25℃ における理論起電力は約 1.32 V であり，実際の作動電圧は約 1.2 V である．$-20\sim60℃$ くらいの広い温度範囲で作動する．

ニッケル-カドミウム電池の密閉化の原理は，正極に比べて数十％大きい容量をもつ負極を用いる正極規制方式を採用することにより，正極活物質の量よりも負極活物質の量を多くして充電末期や過充電時に正極のみでガス発生が起こるようにし，この発生した酸素ガスが負極上で消費できるようにすることである．酸素消費反応は次のように表される．

$$Cd + 1/2\,O_2 + H_2O \longrightarrow Cd(OH)_2 \tag{6.33}$$

アルカリ二次電池では密閉型電池が大部分を占めており，その形状には，円筒形，角形，ボタン形などがある．円筒形ニッケル-カドミウム電池の構造を図 6.10 に示す．円筒形電池は薄板状の正極と負極を，セパレータを介して，渦巻状に巻き取って円筒形の外装缶に密封した構造であり，角形電池は薄板状の正極と負極を，セパレータを介して積層し，角形の外装缶に密封した構造である．他方，ボタン形電池は，円板状の正極と負極の間にセパレータを介してスプリングで加圧し，金属製外装缶に収納した構造が一般的である．いずれの場合も，電池の内圧が万一異常

[*6] 高圧水素を用いる高圧型ニッケル-水素電池と区別するために，開発当初はニッケル-金属水素化物電池とよばれることが多かった．

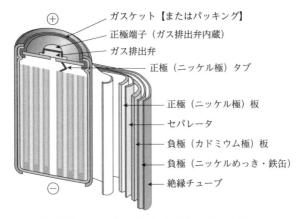

図 6.10 円筒形ニッケル-カドミウム電池の構造

に高くなってもガスを外部に放出できる安全弁を備えている．電解質には比重 1.2〜1.3（20°C）程度の KOH 水溶液に，正極の特性向上のために 15〜50 g dm^{-3} LiOH を添加したものが用いられる．

ニッケル-カドミウム電池は鉛蓄電池より高価であるが，長寿命で耐過充電/過放電性能に優れており，コードレス電話，電動歯ブラシ，シェーバーのほか，電動工具のような大きな電力を必要とする機器や非常灯などにも使われている．

6.3.3 ニッケル-水素電池

ニッケル-水素電池（ニッケル-金属水素化物電池（nickel-metal hydride battery）ともいう）は負極材料に水素吸蔵合金（M）を用い，正極材料に水酸化ニッケルを用いるものである．充電すると，負極活物質である金属水素化物（metal hydride, MH）と正極活物質であるオキシ水酸化ニッケル（NiOOH）が得られる．なお，金属水素化物（MH）とは水素吸蔵合金（M）が水素を吸蔵したものであり，$LaNi_5H_6$ がその代表例である．実用電池では，水素吸蔵合金として，コストや性能の点から La の代わりにセリウム族希土類元素の混合物であるミッシュメタル（Mischmetall（独），misch metal, Mm）を用い，Ni の一部を Co, Mn, Al などで置換したような多成分系合金が一般に使用される．最近では Mg 成分を含む高容量・高耐食性超格子合金も使用されている．

したがって，この電池の構成は MH | KOH | NiOOH のように表示される．ま

た，充放電反応は次の通りである．

負極反応： $\mathrm{MH + OH^-} \underset{充電}{\overset{放電}{\rightleftarrows}} \mathrm{M + H_2O + e^-}$ (6.34)

正極反応： $\mathrm{NiOOH + H_2O + e^-} \underset{充電}{\overset{放電}{\rightleftarrows}} \mathrm{Ni(OH)_2 + OH^-}$ (6.35)

電池反応： $\mathrm{MH + NiOOH} \underset{充電}{\overset{放電}{\rightleftarrows}} \mathrm{M + Ni(OH)_2}$ (6.36)

　溶解・析出反応が進行する鉛蓄電池やニッケル-カドミウム電池などに比べて，ニッケル-水素電池では電池反応がきわめて単純であり，見かけ上電池反応に水が関与しないので電解質濃度が一定に保たれることも特長の一つである．ニッケル-水素電池の理論起電力，実際の作動電圧および作動温度範囲はニッケル-カドミウム電池とほとんど同じである．

　ニッケル-水素電池は原理的に過充電，過放電に強く，密閉化が容易である．この電池でも正極規制方式を採用するのがふつうであり，酸素消費反応は次のように表される．

$$2\mathrm{MH} + 1/2\,\mathrm{O_2} \longrightarrow 2\mathrm{M} + \mathrm{H_2O} \tag{6.37}$$

　円筒形ニッケル-水素電池の構造を図 6.11 に示す．実用ニッケル-水素電池の構造，構成材料および製法は，ニッケル-カドミウム電池とほとんど同じである．

　ニッケル水素電池は同じ大きさではニッケル-カドミウム電池に比べて約2倍あ

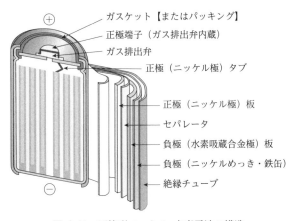

図 6.11　円筒形ニッケル-水素電池の構造

るいはそれ以上の高い電気エネルギーが取り出せる高容量電池であり，過充電・過放電に強い，大電流での充放電*7 が可能である．ニッケル-カドミウム電池と作動電圧が同じ 1.2 V であって互換性がある，鉛やカドミウムのような重金属を用いずクリーンであるなど，多くの特長を有している．そのため，小型電池はヘッドホンステレオ，シェーバー，ノートパソコンなど，大型電池はハイブリッド車，電動アシスト自転車などに多く使用されている．最近では自己放電特性が大幅に改善されて，アルカリ乾電池代替分野への用途も広がっている．

6.3.4 リチウムイオン電池

リチウム二次電池（lithium secondary battery）は負極活物質としてリチウムを用いる二次電池である．リチウム二次電池は，導電性高分子（conducting polymer）を用いるポリマーリチウム電池（polymer lithium battery）も含め，使用する正極活物質や電解質によっていくつかの種類に分けられるが，もっとも代表的なものは 1990 年代半ばに日本で開発されたリチウムイオン電池（lithium ion battery）である．

リチウムイオン電池は，黒鉛のような炭素材料が電気化学反応によりリチウムイオンを可逆的に出し入れ*8 し，リチウム／炭素層間化合物*9 を形成する性質を利用するものである．たとえば，負極材料に黒鉛（C），電解質にヘキサフルオロリン酸リチウム（$LiPF_6$）を溶解したエチレンカーボネート（EC），プロピレンカーボネート（PC）およびジメチルカーボネート（DMC）の混合溶液，正極材料にコバルト酸リチウム（$LiCoO_2$）が用いられる．充電すると，負極活物質である LiC_6 と正極活物質である CoO_2 が得られる．

したがって，この電池構成は $LiC_6 | LiPF_6(EC + PC + DME) | CoO_2$ のように表され，充放電反応は次の通りである．

$$負極反応： LiC_6 \underset{充電}{\overset{放電}{\rightleftarrows}} C_6 + Li^+ + e^- \tag{6.38}$$

---

*7　電池容量に対して比較的大きな電流で行う充放電であり，高率充放電（high-rate charge-discharge）とよばれる．

*8　それぞれインターカレーション（intercalation），デインターカレーション（deintercalation）という．

*9　黒鉛の場合には理論組成 LiC_6 のリチウム／黒鉛層間化合物．

正極反応：　$CoO_2 + Li^+ + e^- \underset{充電}{\overset{放電}{\rightleftarrows}} LiCoO_2$ 　　　　　(6.39)

電池反応：　$LiC_6 + CoO_2 \underset{充電}{\overset{放電}{\rightleftarrows}} C_6 + LiCoO_2$ 　　　　　(6.40)

リチウムイオン電池の充放電反応も，ニッケル-水素電池の場合と同様に，非常に単純である．すなわち，充放電反応はたんにリチウムイオンが正負両極間を往復するだけの反応であり，この電池はロッキングチェア型電池，シャトルコック型電池などとよばれる．なお，最近，負極材料として炭素系[*10]に代わり合金系を使用してエネルギー放出能力を高め，容量を増大させたリチウムイオン電池も開発されている．また，正極材料としては安価なスピネル型マンガン酸リチウム（$LiMn_2O_4$）や複合酸化物（$Li[Mn_{1/3}Co_{1/3}Ni_{1/3}]O_2$）なども使用されている．リチウムイオン電池の電解質には，高い電気伝導率を有し酸化および還元の条件下で安定な $LiPF_6$ やテトラフルオロホウ酸リチウム（$LiBF_4$）がよく用いられる．また，非プロトン性有機溶媒には，誘電率は高いが粘性率も高い PC や EC と誘電率は低いが粘性率も低い DMC，ジエチルカーボネート（DEC）あるいはエチルメチルカーボネート（EMC）などが混合して用いられる．

この電池の形状には円筒形と角形があるが，携帯電話などに多用される角形リチウムイオン電池の構造を図 6.12 に示す．

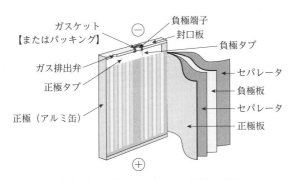

図 6.12 角形リチウムイオン電池の構造

[*10] 炭素材料は結晶性の高い天然黒鉛，易黒鉛化性炭素材料および難黒鉛化性炭素材料に大別される．

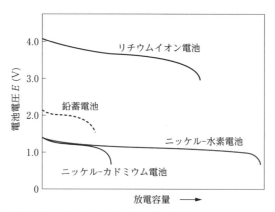

図 6.13 主な実用二次電池の放電特性
単三形あるいは単三形に換算，横軸は定電流放電時の放電時間に対応する．

リチウムイオン電池は高電圧，高エネルギー密度で自己放電が少ないなどの優れた特長をもっている．ただし，このような電池には，過充電や過放電などに対処するための制御回路を設けるなど，十分な安全対策を施す必要がある．この電池は携帯電話，ノートパソコン，ビデオカメラ，デジタルカメラなどに使われており，モバイル機器にはなくてはならない最先端の電池である．このような小型電池の用途だけではなく，ハイブリッド車，電気自動車，電力貯蔵設備などのような大型電池の用途についても，電池の安全性や性能（寿命を含む）のほか，経済性，資源，環境などさまざまな視点から非常に活発な研究開発が行われている．

図 6.13 には主な実用二次電池の放電特性を比較して示す．

6.3.5 その他の二次電池

実用されている電池ではないが，電力貯蔵用途を想定して開発された二次電池と次世代型蓄電池として開発が進められている主要な二次電池を以下に紹介する．

ナトリウム-硫黄電池（sodium-sulfur battery, NaS battery）は，負極に金属ナトリウム（Na），正極に硫黄（S）を用いる電池である（図 6.14(a)）．この電池の特徴は，300〜350°C という比較的高い温度で動作することにあり，負極 Na も正極 S も電池作動時には溶融状態である．したがって，電解質には固体状態で Na^+ を伝導する固体電解質が用いられ，たとえばβ-アルミナとよばれる Na イオン伝導性の固体電解質が使われている．作動電圧は約 2 V であり，高温で作動するた

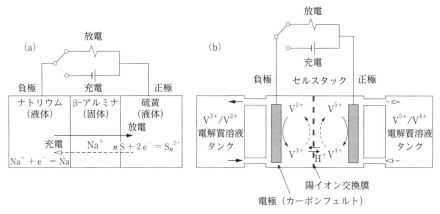

図 6.14 ナトリウム-硫黄電池(a) およびレドックスフロー電池(b) の基本構成

め，電極反応や電解質の抵抗を低くすることができ，出力特性に優れた電池が構成できる．エネルギー密度として 170 Wh dm^{-3} 程度のものが開発され，電力負荷平準化（load-leveling）を目的とした実証試験がされてきた．

レドックスフロー電池（redox-flow battery）は，負極と正極の両方で電解質溶液に溶解した金属イオン種の酸化還元反応を利用するものである（図 6.14(b)）．酸化還元反応種としては，チタン（Ti）やバナジウム（V）など，溶液中で酸化数が多段階で変化可能な遷移金属イオンが利用できる．

電極活物質が電解質溶液（電解液）に溶存した状態であるため，電池の容量は電解質溶液の量に比例する．通常は電池本体とは別に電解質溶液の貯蔵タンクを用意することで，容量の大きなシステムを構成する．この電池も電力負荷調整（load-conditioning）（平準化）など大容量の定置型電池として開発されてきた．

マグネシウムやアルミニウムなどのいわゆる活性金属を負極とする二次電池は，現在実用されているリチウムイオン電池のエネルギー密度を超える次世代電池として開発が進められている．これらの金属は標準電極電位が低く，単位質量当たり（または単位体積当たり）の電気容量が大きいため，エネルギー密度（Wh kg^{-1}, Wh dm^{-3}）の大きな電池が構成できる．実用電池の実現には，電池反応の可逆性を高めるなど解決すべき課題は多いものの，電気自動車などの用途が見込めるため，世界的に開発が進められている．

6.3.6 電気化学キャパシタ

キャパシタ（capacitor）とは，2枚の金属電極をきわめて短い距離で平行に配置し，その電極間に静電的に蓄積される電気容量を利用したデバイスである．金属電極が薄い誘電体の層を挟んだ構造のものはコンデンサー（condenser）ともよばれてきた．キャパシタの容量 C は次式で示すように単位電位差 ΔV 当たりに蓄積される電気量 Q で定義され，電極の面積 A に比例し電極間の距離 d に反比例する．

$$C = Q/\Delta V \tag{6.41}$$
$$C = \varepsilon_0 \varepsilon_r A/d \tag{6.42}$$

ここで，ε_0 は真空の誘電率（$\varepsilon_0 = 8.854187\,6 \times 10^{-12}$ $\mathrm{C^2\,J^{-1}\,m^{-1}}$）であり，$\varepsilon_r$ は比誘電率（relative permittivity）とよばれる物質固有の定数である．ε_r が1〜10程度のポリマーフィルムや金属酸化物を用いるキャパシタではpF（ピコファラド）からμF（マイクロファラド）の容量をもつ小形のものが電子部品として利用されてきた．

電気化学キャパシタ（electrochemical capacitor）は，上記の従来型キャパシタとはやや異なり，基本的には電極と電解質溶液との界面に生ずる電気二重層に蓄積される電荷を利用するもので，さらには蓄電原理の違いから電気二重層キャパシタ（electric double-layer capacitor）と擬似キャパシタ（pseudo-capacitor）の2種に区別される．いずれも，活物質全体の電気化学反応を利用する二次電池とは異なる原理に基づくが，電気化学界面での電荷蓄積を利用した蓄電デバイスである．

電気二重層キャパシタの蓄電原理は，図6.15に示すように，二つの電極/電解

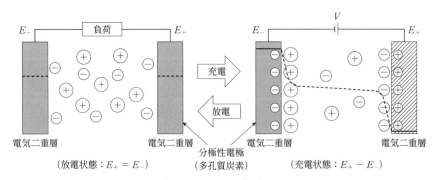

図 6.15 電気二重層キャパシタの蓄電原理
図中の破線は両極間での電位の分布をイメージしたもの．

質溶液界面で生じる電気二重層の静電容量を利用するものである．セルの容量 C_{cell} は二つの電極の静電容量の直列接続となるので，次式で示されるようにそれぞれの極の容量（C_-，C_+）のおよそ 1/2 となる．

$$1/C_{cell} = 1/C_- + 1/C_+ \tag{6.43}$$

電気二重層の静電容量は界面を構成する断面積に比例するので，電極には活性炭など比表面積の大きな炭素材料が用いられている．また，電解質溶液には水溶液または有機溶媒溶液が用いられるが，複雑な表面構造をもつ炭素材料の表面に浸透し，電極の表面電荷を補償する機能が求められる．

電気二重層の静電容量は $10 \sim 20 \ \mu F\ cm^{-2}$ なので，たとえば $2000\ m^2 g^{-1}$ の比表面積をもつ活性炭の細孔構造をすべて利用できれば，電極当たりで $200 \sim 400\ F\ g^{-1}$ の容量が達成されることになる．実際には活性炭の全細孔表面積を利用することは難しいが，従来キャパシタに比べてはるかに大きな容量をもつ電気二重層キャパシタが開発され，広い分野で利用されている．

擬似キャパシタは，電気二重層の静電容量に加えて，電極活物質の表面で生じる速い酸化還元反応に基づく擬似容量を利用するデバイスである．代表的な電極材料として RuO_2 などの導電性の金属酸化物がある．次式で表される酸化還元反応は，酸化物の表面層ではきわめて速い速度で進行するため，電流電圧応答はキャパシタに類似した挙動をとる．

$$RuO_2 + H^+ + e^- \rightleftarrows RuOOH \tag{6.44}$$

キャパシタデバイスを一定電流で充電し，また放電する際の電圧の時間変化を二次電池の場合と比較して図 6.16 に示す．キャパシタでは充電とともに端子電圧が

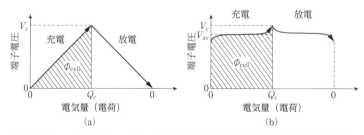

図 6.16 コンデンサー（キャパシタ）と二次電池を一定電流下で充放電したときの電圧変化の比較
(a) コンデンサー（キャパシタ） (b) 二次電池
斜線の面積領域はデバイスに充電されたエネルギー Φ に相当．

直線的に上昇し,また放電過程では直線的に低下する.これに対して,二次電池では一定電流での充電および放電では電池の電圧はかなり平坦な変化を示す.式 (6.41) の関係から $Q_c = C_{cell} V_c$ なので,キャパシタデバイスの蓄積エネルギー Φ_{cell}(図の充電曲線の積分)は次式で表される.

$$\Phi_{cell} = (1/2) \times Q_c \times V_c = (1/2) \times C_{cell} \times V_c^2 \qquad (6.45)$$

すなわち,容量と作動電圧の両方によって決まるが,後者のほうがその寄与は大きい.

キャパシタはこれまで,携帯電子機器におけるメモリーバックアップやオフィス機器の補助電源として,またエレベーターやフォークリフトなどの大型設備でのエネルギー回生用途で使用されてきた.二次電池に比べて,出力特性には優れているもののエネルギー密度は低いことから,キャパシタとしての特長をいかしつつ,高エネルギー密度化に向けた開発研究が続けられている.

6.4 燃 料 電 池

通常の一次電池や二次電池が活物質を電池本体に内蔵するものであるのに対して,燃料電池(fuel cell)は活物質で還元剤の燃料(水素,メタノール,ヒドラジン,炭化水素など)と酸化剤(酸素,空気,過酸化水素など)を外部から連続的に供給して直接電気エネルギーを取り出すとともに反応生成物を排出する電池であり,化学反応を利用した発電機というべきものである.

燃料電池は燃料の種類や作動温度によって分類することもできるが,電解質によって分類されることが多く,表 6.3 に示した通り,主なものには,

アルカリ(電解質)形燃料電池(alkaline electrolyte fuel cell, AFC),

固体高分子(電解質)形燃料電池(polymer electrolyte fuel cell, PEFC)

りん酸(電解質)形燃料電池(phosphoric acid electrolyte fuel cell, PAFC),

溶融炭酸塩(電解質)形燃料電池(molten carbonate electrolyte fuel cell, MCFC),

固体酸化物(電解質)形燃料電池(solid oxide electrolyte fuel cell, SOFC)

がある.

いずれの燃料電池の構成も次のように表すことができる.

$$(-) 燃料 | 電解質 | 酸化剤 (+) \qquad (6.46)$$

表 6.3 燃料電池の概要

種類	構成			作動温度	特徴および主な用途
	燃料	電解質（キャリヤーイオン）	酸化剤		
アルカリ形 (AFC)	$H_2(CO_2$ 除去), CH_3OH または N_2H_4	KOH 水溶液 (OH^-)	O_2 または空気 (CO_2 除去)	室温〜約100℃ (230℃)	低温作動でも高発電効率，電解質の腐食性が小さく，電極材料の選択性大，貴金属触媒が必要，CO_2 による電解質の変質が問題 宇宙用，海底作業船，軍事用
固体高分子形 (PEFC)	H_2(CO 除去)，または CH_3OH	カチオン交換膜 (H^+)	O_2 または空気	室温〜約100℃	セル構成が単純，低温作動でも高発電効率，高電流密度，CO_2 含有燃料も使用可能，貴金属触媒が必要，電解質膜の水分管理が重要 電気自動車，家庭用，携帯機器，宇宙・軍事用
りん酸形 (PAFC)	H_2 または天然ガス・CH_3OH の改質ガス	濃 H_3PO_4 水溶液 (H^+)	O_2 または空気	約200℃	CO_2 含有燃料も使用可能，排熱を給湯や暖房に利用可能（熱電併給），貴金属触媒が必要，触媒劣化や電解質逸散が問題 オンサイト発電
溶融炭酸塩形 (MCFC)	$H_2 + CO$ (炭化水素)	溶融アルカリ炭酸塩 Li_2CO_3-K_2CO_3 (CO_3^{2-})	空気 ($+CO_2$)	約650℃	高発電効率，高電流密度，貴金属触媒が不要，天然ガス・石炭ガス燃料なども使用可能，燃料の内部改質が可能，排熱の質が高い，材料の腐食や電解質の逸散が問題 大規模（火力代替）発電，オンサイト発電
固体酸化物形 (SOFC)	$H_2 + CO$ (炭化水素)	安定化ジルコニア ZrO_2-Y_2O_3 (O^{2-})	空気	約1000℃	高発電効率，高電流密度，貴金属触媒が不要，排熱の質が高い，天然ガス・石炭ガス燃料なども使用可能，燃料の内部改質が可能，セル構成材料の変質が問題 大規模（火力代替）発電，分散設置型発電

電池は，第1章でも触れたように電気分解とは逆の関係にある．すなわち，水素を燃料とする燃料電池（水素-酸素燃料電池）を例にとると，

$$H_2 + 1/2\,O_2 \underset{\text{水の電気分解}}{\overset{\text{水素-酸素燃料電池}}{\rightleftarrows}} 電気エネルギー \tag{6.47}$$

りん酸形燃料電池の反応式は，第1章で説明した硫酸水溶液を用いる水素-酸素燃料電池と同じである．また，その他の燃料電池の反応式は次の通りである．

アルカリ形燃料電池

負極反応： $H_2 + 2\,OH^- \longrightarrow 2\,H_2O + 2\,e^-$ (6.48)

正極反応： $1/2\,O_2 + H_2O + 2\,e^- \longrightarrow 2\,OH^-$ (6.49)

電池反応： $H_2 + 1/2\,O_2 \longrightarrow H_2O$ (6.50)

溶融炭酸塩形燃料電池

負極反応： $H_2 + CO_3^{2-} \longrightarrow CO_2 + H_2O + 2\,e^-$ (6.51)

正極反応： $1/2\,O_2 + CO_2 + 2\,e^- \longrightarrow CO_3^{2-}$ (6.52)

電池反応： $H_2 + 1/2\,O_2 \longrightarrow H_2O$ (6.53)

固体酸化物形燃料電池

負極反応： $H_2 + O^{2-} \longrightarrow H_2O + 2\,e^-$ (6.54)

正極反応： $1/2\,O_2 + 2\,e^- \longrightarrow O^{2-}$ (6.55)

電池反応： $H_2 + 1/2\,O_2 \longrightarrow H_2O$ (6.56)

なお，固体高分子形燃料電池では，ペルフルオロスルホン酸（図6.17）の一つであるナフィオン（Nafion®）で代表されるプロトン交換膜（proton exchange membrane, PEM）が用いられるので，その反応はりん酸形燃料電池の反応と同じように表される．

水素-酸素燃料電池の理論起電力はネルンスト式を用いて計算すると，電解質中の水の活量が1，水素と酸素の活量も1（1 atm）のとき，25℃において1.229 Vとなる．すでに述べたように，電池を作動させて電流を取り出すと分極が起こり，燃料電池の実際の作動電圧は，ネルンスト式を用いて理論的に計算された起電力よりも過電圧（活性化過電圧，濃度過電圧および抵抗過電圧の和）η だけ低下す

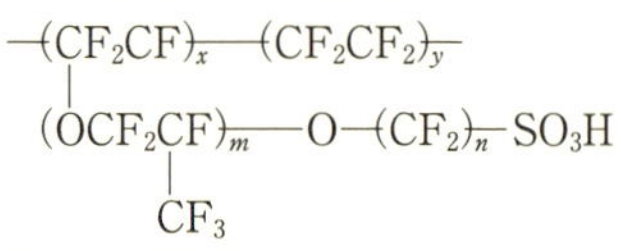

図 6.17　ペルフルオロスルホン酸高分子の一般的な化学構造

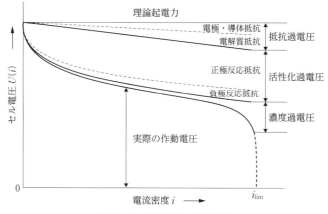

図 6.18 燃料電池の放電特性

る．なお，活性化過電圧は電極または担持触媒の表面積や活性が低いことによる反応抵抗によるものである．濃度過電圧は反応場への反応物の供給と生成物の散逸が遅いことによる抵抗に起因する．また，抵抗過電圧は電池内部のイオンや電子の電気抵抗に対応するものである．結果として，燃料電池の放電特性（電流-電圧特性）は，通常，図 6.18 に示すような形となる．一般に，水素-酸素燃料電池の放電時における過電圧は，水素酸化の起こる負極（燃料極（fuel electrode）ともいう）より酸素還元の起こる正極（空気極）のほうが大きい．

燃料電池の主な構成材料は，電解質と電極構成材であるが，低温作動の燃料電池では電極触媒も必要である．主な構成材料は特徴，用途などとともに表 6.3 に示してある．

燃料電池の理論エネルギー変換効率（theoretical energy conversion efficiency）ε_{cell} は，水素と酸素から水が生成する反応の化学エネルギーのうち，得られた電気エネルギーの割合を表し，具体的には，次式のように反応のギブズエネルギー変化 ΔG_{cell} とエンタルピー変化 ΔH_{cell} を用いて計算される．

$$\varepsilon_{cell} = (\Delta G_{cell}/\Delta H_{cell}) \times 100 \ (\%) \tag{6.57}$$

さまざまな燃料における理論エネルギー変換効率を表 6.4 に示す．理論エネルギー変換効率は燃料によらず非常に高いことがわかる．

燃料電池の最大の特長は，電池反応の理論エネルギー変換効率が火力発電のようなほかの発電方式に比べて高いことである．すなわち，火力発電などでは，何段階

表 6.4 さまざまな燃料における理論起電力 U_{cell} と理論エネルギー変換効率 ε_{cell}（25°C）

燃 料	反 応	ΔH (kJ mol^{-1})	ΔG (kJ mol^{-1})	U (V)	ε_{cell} (%)
水 素	$H_2(g) + 1/2\,O_2(g) \to H_2O(l)$	-286	-237	1.23	83
メタノール	$CH_3OH(l) + 3/2\,O_2(g) \to CO_2(g) + 2\,H_2O(l)$	-727	-702	1.21	97
ヒドラジン	$N_2H_4(l) + O_2(g) \to N_2(g) + 2\,H_2O(l)$	-622	-624	1.62	100
メタン	$CH_4(g) + 2\,O_2(g) \to CO_2(g) + 2\,H_2O(l)$	-890	-818	1.06	92
一酸化炭素	$CO(g) + 1/2\,O_2(g) \to CO_2(g)$	-283	-257	1.33	91

ものエネルギー変換過程を経るために効率の低下が大きい．とくに，熱エネルギーを機械エネルギーに変換する過程では，低熱源の温度 T_l と高熱源の温度 T_h から求まる理論的な熱効率であるカルノー効率（Carnot efficiency）$[\varepsilon_{Carnot} = \{1 - (T_l/T_h)\} \times 100\,(\%)]$ によって制限される．これに対して，燃料電池発電では，化学エネルギーが，直接，電気エネルギーに変換されるため，カルノー効率による制限を受けない．たとえば，水素-酸素燃料電池の理論エネルギー変換効率は，298 K（25°C）で 83%（生成物が水の場合）または 95%（生成物が水蒸気の場合）であり，1000 K（727°C）では 78% となる．しかしながら，これらの値は電流が 0 と仮定した場合の理論値であり，実際に発電すると電流が流れるので，上記のようなさまざまな分極のために作動電圧が低下し，エネルギー変換効率すなわち発電効率も低下する．現在実用化されている固体高分子形燃料電池や固体酸化物形燃料電池の発電効率は，それぞれ 35～45%，45～60% であり，作動温度の高い固体酸化物形燃料電池のほうが発電効率は高い．また，エンタルピー変化からギブズエネルギー変化を差し引いた残りは熱として放出されるので，燃料電池を作動させると必ず熱が発生する．発電の際に発生する熱を暖房や給湯などに利用して総合的にエネルギー変換効率を向上させるコージェネレーション（cogeneration）[*11] では，燃料電池の熱と電気をあわせたエネルギー変換効率（energy conversion efficiency）[*12] は約 80% にも達する．

表 6.3 で分類した燃料電池のうち固体高分子形燃料電池は，すでに燃料電池車（fuel cell vehicle, FCV）や家庭用燃料電池コージェネレーションシステム（fuel

---

[*11] 熱電併給（combined heat and power）ともいう．
[*12] 総合エネルギー効率（overall energy efficiency）という．

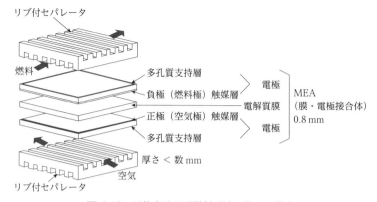

図 6.19 固体高分子形燃料電池の単セル構成

cell cogeneration system for home use，ENE-FARM）などに実用化されている．固体高分子形燃料電池の単セル構成を図 6.19 に示す．燃料電池では，負極を燃料極，正極を空気（酸素）極とよぶことが多い．固体高分子形燃料電池では，高分子電解質膜を二つのガス拡散電極で挟んで一体化させた MEA（membrane electrode assembly）とよばれる膜・電極接合体が重要な役割を果たす．ガス拡散電極は，粒径が数 nm の白金などの貴金属触媒とイオン交換樹脂（ion-exchange resin）[*13]などの混合物からなる厚さ 10〜20 μm の多孔質の触媒層およびその外側にガス拡散層を接合した二層構造になっている．必要に応じて電極の水分量制御のためにガス拡散層にはマイクロポーラス層を設ける場合もある．一般に，負極触媒には Pt-Ru 合金が用いられ，正極触媒には Pt が用いられる．固体高分子形燃料電池の単セル当たりの電圧は低いので，実際にはこれを多数積層したもの[*14]が使用される．固体高分子形燃料電池には電池構成が単純，低温作動でも高発電効率，高出力密度，短時間で起動開始可能，電解質の散逸がないなど，多くの特長がある．現在，FCV には固体高分子形燃料電池，エネファームには固体高分子形ならびに固体酸化物形燃料電池が実用されているが，こられの燃料電池の性能および耐久性のさらなる向上や低コスト化のための研究開発が続けられている．

[*13] イオノマー（ionomer）ともいう．
[*14] 積層した電池をスタック（stack）という．

演 習 問 題

6.1 実用電池に要求される条件を列挙し，それぞれについて簡単に説明しなさい．

6.2 電池の反応機構は単純であることが望ましい．1990年代に実用化された比較的新しい二次電池であるニッケル-水素電池とリチウムイオン電池には反応機構に共通点がみられる．それについて述べなさい．

6.3 ダニエル電池は実用電池ではないが，この電池について単位質量当たりの理論容量を計算しなさい．ただし，この場合，正負両極の活物質だけを考慮し，電解質，セパレータなどは考慮に入れないものとする．また，Zn と $CuSO_4$ のモル質量はそれぞれ 65.38, 159.6 $g\ mol^{-1}$ である．

6.4 $LiC_6 + CoO_2 \rightleftarrows C_6 + LiCoO_2$ なる充放電反応（右方向が放電，左方向が充電）を行うリチウム二次電池の理論電池容量および理論エネルギー密度を求めなさい．ただし，この場合，電池の平均端子電圧は 3.70 V とし，活物質の質量のみを考慮し，電解質や集電体などは考慮しないことにする．なお，LiC_6 のモル質量は 79.00 $g\ mol^{-1}$，CoO_2 のモル質量は 90.93 $g\ mol^{-1}$ である．

6.5 重さ 15 g のある電池を 200 Ω の定抵抗で放電したところ，放電電圧は 1.5 V であり，60時間で完全に放電した．この電池の単位質量当たりのエネルギー密度を求めなさい．

6.6 ある単三形ニッケル-水素電池の公称電圧は 1.2 V であり，公称容量は 2700 mAh である．この電池の単位体積および単位質量当たりのエネルギー密度を計算しなさい．ただし，この電池（円筒形）の寸法は直径が 14.35 mm，高さが 50.4 mm であり，質量は 31.0 g である．

6.7 燃料電池の原理と特徴について述べなさい．また，水素-酸素燃料電池を例にとって，その基本構造と起電反応について述べなさい．

6.8 500 K における水素-酸素燃料電池の理論起電力と理論エネルギー変換効率を求めなさい．ただし，反応 $H_2 + 1/2\,O_2 \rightarrow H_2O$ に対して，$-\Delta G°$ および $-\Delta H°$ の値は，それぞれ 219.2 $kJ\ mol^{-1}$，243.5 $kJ\ mol^{-1}$ である．

第 7 章 電気分解を利用する物質の製造

　電解プロセス (electrolytic process) は，電極と電解質溶液との界面で起こる電極反応や電解質溶液中を電流が通過することによって起こる化学反応を利用して，物質の製造，処理，エネルギー貯蔵などを行うものであり，電解製造 (electrolytic production)，電解処理 (electrolytic treatment)，界面電解 (interface electrolysis) などに大別できる．本章では，実用電解槽の基礎について述べた後，電解製造のうちで現在も大規模産業を形成している食塩電解 (brine electrolysis)，アルミニウム製錬 (aluminum smelting)，亜鉛製錬 (zinc smelting) および銅精錬 (copper refining) について述べる．

7.1　電気分解による物質製造の特徴

　通常の化学反応が熱や光などのエネルギーで進行するのに対して，電気分解 (electrolysis, 電解) の反応は電気エネルギーを加えることによって進行する．したがって，電気分解による物質製造では，電圧（電位），電流（電流密度）および電気量を調節することによって反応の種類，速度および量を比較的容易に制御することができ，反応条件をうまく設定すると高選択率，高収率で目的の生成物が得られる．しかも，各電極では酸化または還元のどちらかしか起こらないので反応系に酸化剤や還元剤を共存させる必要がなく，また電極が触媒として作用することが多いので反応系に別途触媒を添加する必要もない．このため，生成物の分離精製が容易である．さらに，通常，反応は常温常圧付近の穏和な条件で行われるので安全性が高く，またスケールメリットが少ないので少量生産にも適している．電気分解による物質製造プロセスは，このような特長をもつ反面，電気分解反応（電解反応）が電極と電解質溶液との界面で起こる二次元反応であるため，三次元の反応場をもつ化学反応に比べて生産性に劣るという弱点もある．実際の電解槽 (electrolytic cell）の組立や運転は，これらの点を十分に考慮して行われている．

このような特徴があるため，大規模産業を形成している上記の四つ以外にも，多くの素材や原料が電解法によって製造されている．たとえば，フッ素，カルシウム，ナトリウム，リチウム，塩素酸ソーダ（塩素酸ナトリウム）などは電解法以外では経済的な製造手段がない．また，電解法以外でもつくられる二酸化マンガン，クロム，ニッケル，マグネシウムなども製品純度，小規模生産などの点で電解法が優れている．さらに最近では，医薬品，香料，農薬などのファインケミカルズを少量かつ高収率で生産する方法として電気分解の利点がいかされつつある．

7.2 実用電解槽の基礎

7.2.1 電解槽の構成，反応および分解電圧

電解槽の基本的な構成は図7.1に示す通りであり，電池の場合と同様に二つの電極（陽極（anode）と陰極（cathode）），電解質および隔膜（diaphragm）（セパレータ（separator）ともいう）からなっている．実際には，電気分解させようとする反応物質は電極自身であっても電解質溶液の溶媒，電解質，あるいはそれに溶解させた別の物質であってもよい．

電気分解は，$\Delta G > 0$ であって自然には進まない反応を外部から電気エネルギーを加えることによって進行させようとする点で電池とまったく逆である．第1章でも述べた通り，電気分解においては陽極で酸化反応が起こり，陰極で還元反応が起こる．

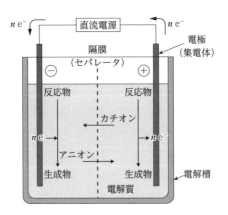

図 7.1 電解槽の基本構成

硫酸水溶液中での水の電気分解の反応式を次に示す．

陽極反応： $H_2O \longrightarrow 1/2\,O_2 + 2\,H^+ + 2\,e^-$ (7.1)

陰極反応： $2\,H^+ + 2\,e^- \longrightarrow H_2$ (7.2)

電解反応： $H_2O \longrightarrow H_2 + 1/2\,O_2$ (7.3)

これらの反応に対する理論的な電極電位や槽電圧（cell voltage）すなわち分解電圧（decomposition voltage）は，ネルンスト式に標準電極電位の値を代入して計算すると，25°C では

陽極電位： $E_A = 1.229 + (0.059/2)\log(p_{O_2}^{1/2} a_{H^+}^2 / a_{H_2O})$ (7.4)

陰極電位： $E_C = (0.059/2)\log(a_{H^+}^2 / p_{H_2})$ (7.5)

槽電圧： $U_{cell} = 1.229 + (0.059/2)\log(p_{H_2} p_{O_2}^{1/2} / a_{H_2O})$ (7.6)

となる．なお，電気分解の場合には，電池とは逆で，陰極（カソード）電位 E_C より陽極（アノード）電位 E_A のほうが貴であるから，これらと槽電圧 U_{cell} の関係は次式のようになっている．

$$U_{cell} = E_A - E_C \tag{7.7}$$

このようにして求めた槽電圧のうち，電解反応に関与する物質の活量をすべて 1 とした場合を理論分解電圧（theoretical decomposition voltage）$U°$ という．実際には，第 6 章でも述べたように電荷移動，物質移動，オーム抵抗による分極が生じ，それだけ余分の電圧を加える必要がある．すなわち，過電圧（overvoltage）相当分が余分に必要である．したがって，電流が流れているときの槽電圧 $U(I)_{cell}$ は

$$U(I)_{cell} = U_{cell} + \eta_A + |\eta_C| + IR \tag{7.8}$$

で表される．なお，R は電極から電源までの導体の抵抗，電解質のオーム抵抗（ohmic resistance），隔膜による抵抗などの総和である．理論分解電圧 $U°$ と電気分解しているときの槽電圧 $U(I)_{cell}$ の比 $U°/U(I)_{cell}$ を電圧効率（voltage efficiency）という．図 7.2 は槽電圧，電極電位と電解電流の関係を模式的に示したものである．電池の場合の図 6.2 と対比させてみると，両者の差異がよく理解できるだろう．

一定量の物質を電気分解で製造するために必要な最少の電気量すなわち理論電気量（theoretical quantity of electricity）Q_{theor} は，1.4 節でも述べたファラデーの電気分解の法則，$Q_{theor} = Fm/(M/n)$，によって与えられる．しかし，実際の電気分解では，不純物の電気分解のような副反応，目的の生成物のさらなる電気分解反応，電流の漏えいなどのため，必ずしも流れる電流がすべて目的の反応に使わ

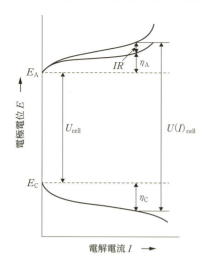

図 7.2 槽電圧，電極電位と電解電流の関係

れるとは限らない．そこで，実際の通電電気量 Q と目的の反応の理論電気量 Q_theor の比 Q_theor/Q [*1] を電流効率（current efficiency）といい，実用上重要な値である．電流効率はファラデー効率（Faraday efficiency）とよばれることもある．

$$\text{電流効率} = (Q_\text{theor}/Q) \times 100\ (\%) \tag{7.9}$$

たとえば，金属イオンの還元による金属の析出反応の際に，水素発生や溶存酸素の還元など，目的以外の反応が起こると，金属の析出反応の電流効率は 100％ に達しない．一般に，電流効率は電極の材料や形状，電流密度，溶液の組成，時間の経過などによって変化する．

　電気エネルギーは（電圧）×（電気量）で表されるので，電気分解に必要な最小限の電気エネルギーすなわち理論電解エネルギー（theoretical electrolytic energy）は（理論分解電圧）×（理論電気量）で与えられる．また，電解プロセスのエネルギー効率（energy efficiency）は（電圧効率）×（電流効率）で定義される．実際の電気分解にさいしては，電気エネルギーを有効に使うという観点から，電気分解の条件が適切かどうかを電圧効率，電流効率およびエネルギー効率により評価する．工業電解では，通常，電流効率は 1 に近いが，電圧効率が低いため，エネルギー効率も低くなっている．また，電気分解において単位質量（たとえば 1 t（トン））

[*1] 電気分解では $Q_\text{theor} < Q$ であり，電流効率は Q_theor/Q で表される．他方，電池では $Q_\text{theor} > Q$ であり，電流効率は Q/Q_theor で表される．

表 7.1 無機工業電解で生産される代表的な物質の理論電気量原単位

物質名	反応電子数 n	モル質量 M (g mol^{-1})	理論電気量原単位 $Q°$ (kAh t^{-1})
水素（H_2）	2	2.016	26590
カセイソーダ（NaOH）	1	40.00	670
塩素（Cl_2）	2	70.90	756
アルミニウム（Al）	3	26.98	2980
マグネシウム（Mg）	2	24.31	2205
ナトリウム（Na）	1	22.99	1166
フッ素（F_2）	2	38.00	1411
塩素酸ソーダ（$NaClO_3$）	6	106.4	1511
過塩素酸ソーダ（$NaClO_4$）	2	122.4	438
過硫酸アンモニウム（$(NH_4)_2S_2O_8$）	2	228.2	235
二酸化マンガン（MnO_2）	2	86.94	617
亜鉛（Zn）	2	65.38	820
ニッケル（Ni）	2	58.69	913
銅（Cu）	2	63.55	843

の物質を製造するのに必要な理論電気量を理論電気量原単位（theoretical electricity per unit of production）といい，$Q°$（kAh t^{-1}）で表す．この値はファラデーの電気分解の法則に基づいて $Q° = (n/M)F$ の関係式から求められる．無機工業電解で生産される代表的な物質の理論電気量原単位を表7.1に示す．

7.2.2 実用電解槽の構成材料

a. 電極 工業用電極材料には，① 良導電性，② 高触媒活性，低過電圧，反応選択性，③ 化学的安定性，電気化学的安定性，耐食性，④ 機械的安定性，加工性，⑤ 安全性，無公害性，⑥ 経済性などが求められる．とくに，水溶液を用いる電気分解（水溶液電解）の場合には，陽極の酸素過電圧（oxygen overpotential）や陰極の水素過電圧（hydrogen overpotential）が採用の判定基準となる場合が多い．工業用電極には，消耗性電極（consumable electrode）[*2]，非消耗性電極などが用いられる．

b. 電解質溶液 電解質溶液には，通常，酸やアルカリの水溶液が用いられる．電解質溶液の選択には，電極の溶解，溶媒や電解質の分解などが起こらないような安定な電位範囲を示す電位窓（potential window）を考慮する必要がある．図7.3

---

*2 電気分解時に通電量に応じて消耗する電極をいう．

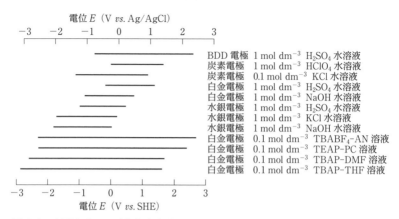

図 7.3 水溶液系および非水溶液系における電位窓
BDD：ホウ素をドープした導電性ダイヤモンド，TBABF$_4$：テトラフルオロホウ酸テトラブチルアンモニウム，TBAP：過塩素酸テトラブチルアンモニウム，TEAP：過塩素酸テトラエチルアンモニウム，AN：アセトニトリル，PC：プロピレンカーボネート，DMF：N,N-ジメチルホルムアミド，THF：テトラヒドロフラン．

に例示したように，電位窓は電極や電解質などによって異なる．水溶液では酸素発生や水素発生が起こるような電位よりも広い電位窓が必要な場合には，有機あるいは無機の非水溶液や溶融塩（molten salt, fused salt）が用いられる．工業電解に用いられる電解質のほとんどは液体である．例外は隔膜としての機能を兼ね備えた固体電解質であるが，この場合は反応に関与する物質が流体である．

c. 隔膜（セパレータ） 隔膜（diaphragm）（セパレータ（separator）ともいう）は，陽陰両極生成物を分離するために通常使用されるが，その必要がなくて無隔膜の場合もある．隔膜はさらに泞隔膜と密隔膜に分けられる．泞隔膜では陽陰両極液は実際つながっているが，両液の混合をある程度防ぐことができる．石綿（asbestos）は泞隔膜の代表である．他方，密隔膜では両液は完全に分離されており，膜中はカチオンあるいはアニオンだけが通過できるようになっている．イオン交換膜（ion-exchange membrane）は密隔膜の代表である．

d. 電解槽 電解槽中での反応速度を高めて生産性を上げるために，電極自身の真の表面積を大きくするとともに，電解槽を積み重ねて単位床面積当たりの反応面積を拡大する手段がよくとられる．電解槽の電極を接続する方法には単極式（mono-pole type）と複極式（multi-pole type）の二つがあるが，水電解槽を例と

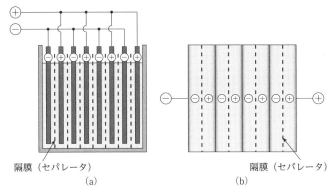

図 7.4 電極の接続方式
(a) 単極式　(b) 複極式

してそれらを図7.4に示す．単極式では，各電極が陽極あるいは陰極のいずれかの役目を担い，すべての陽極と陰極は電源に接続されているが，複極式では，片側が陽極，反対側が陰極と二つの役目を担い，電源には接続されない電極（バイポーラー電極（bipolar electrode）とよばれる）も含まれている．複極式では槽電圧は（単槽電圧）×（槽の数）となるので，同一電流条件下では単極式に比べて電気分解速度を増大させることができる．

7.3 食塩電解

食塩水[*3]を電気分解してカセイソーダ（水酸化ナトリウム），塩素および水素を得る工業は食塩電解工業（brine electrolysis industry）とよばれる．カセイソーダは固形45〜50％水溶液として市販されており，紙・パルプ，化学繊維，アルミナ，無機薬品（芒硝（硫酸ナトリウムの十水和物），亜硫酸ソーダ，ケイ酸ソーダ，次亜塩素酸ソーダなど），セッケン・洗剤，染料・中間体，プラスチックなどの製造に用いられている．また，強アルカリ性を利用して酸の中和剤，有毒ガスの吸収除去剤としても使用されている．塩素は気体または液化した状態で出荷され，液体塩素，塩酸，次亜塩素酸ソーダ，高度さらし粉などの一次塩素製品に直接加工される．一次塩素製品は紙・パルプの漂白剤や上下水道の殺菌・消毒剤としての使用が

[*3] かん水（brine）ともいう．

多いが，塩酸は調味料製造や洗浄剤などにも用いられている．さらに，塩素や一次塩素製品は亜塩素酸ソーダ，塩化ビニル，エピクロロヒドリン，クロロメタンなどの塩素誘導品の原料としても用いられ，これらの誘導品は溶剤，医薬・農薬原料，合成樹脂・合成繊維原料などとして使用されている．水素はメタノール，アンモニア，塩酸などの合成，石油精製（脱硫），水素添加，電子工業材料の還元用などに用いられている．食塩電解ではこれら三つの製品が同時につくられることから，それらの需給のバランスが難しいという一面もある．

食塩電解は，① 縦型電解槽で隔膜に石綿を使用する隔膜法（diaphragm process），② 無隔膜の横型電解槽で陰極材料に水銀を用いる水銀法（mercury process），および ③ 縦型電解槽で隔膜にカチオン交換膜（cation-exchange membrane）を使用するイオン交換膜法（ion-exchange membrane process）の三つに分けられる．日本では，かつて水銀法によって高品位のカセイソーダが製造されていたが，環境保全上の見地から隔膜法，さらにイオン交換膜法へと製法を転換して今日に至っている．以下では，イオン交換膜法食塩電解をとりあげる．

イオン交換膜法食塩電解は，縦型電解槽で隔膜にカチオン交換膜を使用するもっとも新しい方法である．その原理を図7.5に示す．電解反応式は隔膜法と同じであり，次のように表される．

陽極反応：　$NaCl \longrightarrow Na^+ + Cl^-$ 　　　　　　　　　　　　(7.10)

$Cl^- \longrightarrow 1/2\,Cl_2 + e^-$ 　　　　　　　　　　(7.11)

陰極反応：　$H_2O + e^- \longrightarrow 1/2\,H_2 + OH^-$ 　　　　　　　(7.12)

$Na^+ + OH^- \longrightarrow NaOH$ 　　　　　　　　　　(7.13)

電解反応：　$NaCl + H_2O \longrightarrow NaOH + 1/2\,Cl_2 + 1/2\,H_2$ 　(7.14)

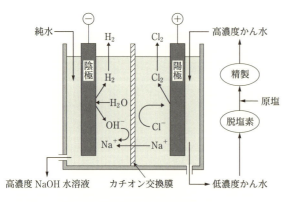

図7.5　イオン交換膜法食塩電解の原理

食塩電解反応の 25°C における理論分解電圧は約 2.2 V である．

イオン交換膜には，① Cl_2 と高温，高濃度のアルカリに対する化学的安定性，② 優れた機械的強度，③ 高いイオン伝導性，④ Na^+ に対する高い選択透過性などの特性が要求され，現在では，テトラフルオロエチレンポリマー（tetrafluoroethylene polymer）からなる織布によって補強されたペルフルオロスルホン酸高分子などのフッ素樹脂系膜が主として用いられている．

陽極には DSA（dimensionally stable anode）[*4]とよばれる不溶性（寸法安定性）の金属電極[*5]が用いられ，陰極には高温，高アルカリ濃度での耐食性を考慮して各種の活性陰極（active cathode）[*6]が用いられる．水銀法のように入念に精製した高濃度のかん水が陽極室へ送入され，電気分解により陽極で Cl_2 が発生する．陽極室で過剰になる Na^+ はカチオン交換膜を通って陽極室から陰極室へ移動する．濃度が薄くなったかん水は陽極室から原塩溶解槽へ戻される．陰極室へは純水あるいは低濃度のカセイソーダ水溶液が送入される．陰極上では H_2O が電気分解されて H_2 が発生し，残った OH^- は陽極室から移行してきた Na^+ と一緒になって濃度の高いカセイソーダ（NaOH）となり，陰極室から外部へ取り出される．原理的には，陰極で生成する NaOH 中に Cl^- の混入がなく，高純度の NaOH が得られる．イオン交換膜法は電流密度やカセイソーダ濃度などの点では水銀法に劣るものの，カセイソーダの品質に関しては水銀法とほぼ同じである．また，イオン交換膜法は三つの方法の中でもっとも電力量原単位が小さく，省エネルギー型のカセイソーダ製造法である．現在のイオン交換膜法電解槽は $30 \sim 40$ A dm^{-2}，$32 \sim 35\%$ NaOH，90°C で操業され，理論分解電圧は $2.20 \sim 2.25$ V，槽電圧は $2.80 \sim 3.29$ V である．

7.4 溶融塩電解

溶融塩（molten salt, fused salt）とは常温で固体の塩や酸化物を加熱して融解させたものであり，高いイオン伝導性を示す．溶融塩電解（molten salt electrolysis）

[*4] DSE（dimensionally stable electrode）ともいう．
[*5] たとえば，$RuCl_3$ と $TiCl_4$ の混合溶液を Ti 基体表面に薄く塗布して熱分解することにより製造した高い触媒活性を有する Ti/(RuO_2 + TiO_2) 電極．
[*6] たとえば，ニッケルを基体にしてラネーニッケルなどで高表面積化した電極や基体に貴金属を主触媒とした薄層を形成させて水素過電圧を低減させた電極．

とは，目的物質の塩を高温で融解させ，電気分解を行って目的物質を得る方法である．溶融塩電解が水溶液電解ともっとも異なる点は，水がなく反応物質であるイオンの濃度が高いこと，および高温で操作されることである．このため，水溶液電解のように水の分解による水素発生や酸素発生の制限を受けない．したがって，電位窓はずっと広くなり，水溶液電解では不可能なアルミニウム，マグネシウム，ナトリウム，カルシウム，リチウムなどのような卑金属やネオジムなどの希土類金属のカソード析出や化学的にもっとも活性で貴な電位をもつフッ素（F_2）のアノード発生なども可能となる．また，イオン濃度が高く，高温であるため，電極反応速度が大きく，低過電圧，高電流密度での操業が可能である．その反面，溶融塩電解では材料の腐食性，陽極効果（anode effect）と金属霧（metal fog）が問題となる．なお，陽極効果とは陽極の炭素とハロゲンの反応により陽極表面に絶縁性の気体皮膜が生成して，電極有効面積の減少，電流の低下，槽電圧の異常な上昇，アーク放電をもたらす現象をいう．また，金属霧とは電気分解によって析出（電析）した金属が霧状になって電極から散逸する現象をいい，電析物の回収効率の悪化に直結する．

電解法で生産される金属の中でもっとも大規模に生産されているのはアルミニウムであり，アルミニウムを工業的に生産する方法としては，現状では溶融塩電解が唯一のものである．ただし，エネルギー効率が約25％と非常に低く，多量の電力を消費するので，日本では現在ほとんど行われておらず，電力の安価な国からの輸入に頼っている．

アルミニウム電解法は，原料として用いるアルミナ（Al_2O_3）をつくる工程と電気分解する工程からなっている．アルミナ鉱石にはボーキサイト（Al_2O_3を50～60％含有）が利用され，バイヤー法（Bayer process）によりアルミナを抽出している．なお，バイヤー法とは，カセイソーダの濃厚水溶液を用いて，ボーキサイトを加圧下で加熱溶解してアルミン酸ナトリウム（$NaAlO_2$）にするとともに不純物の鉄やケイ素などを沈殿除去し，加水分解により水酸化アルミニウムを得て，これを焼成してアルミナとする方法である．電気分解工程は，ホール-エルー法（Hall-Héroult process）とよばれ，氷晶石（フッ化アルミニウムナトリウム（Na_3AlF_6）を主体とする電解浴に，融点を下げたり電気伝導率を上げたりする目的で少量のフッ化アルミニウム（AlF_3），フッ化カルシウム（CaF_2），フッ化リチウム（LiF），フッ化マグネシウム（MgF_2）などを添加し，そこへバイヤー法

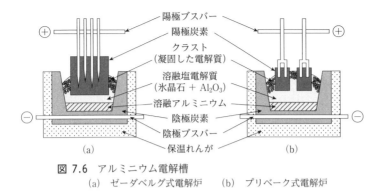

図 7.6 アルミニウム電解槽
(a) ゼーダベルグ式電解炉　(b) プリベーク式電解炉

で得られたアルミナ 5~8 % を溶解して約 1000°C で電気分解するものである．

陽極には炭素を用い，陰極には生成したアルミニウムを利用するが，陽極の炭素が電気分解で消費されながら反応が進行する．この陽極炭素の補給方法にはゼーダベルグ（Söderberg）式[*7]とプリベーク（pre-bake）式[*8]という 2 通りの方式がある．前者は電解炉に直接炭素を補給し，炉から放出される熱を活用してその場で焼成する方式であり，後者はあらかじめ別の炉で焼成した炭素電極を用いる方式である．両方式の模式図を図 7.6 に示す．電解反応は次の通りである．

$$\text{陽極反応：} \quad 3\,C + 6\,O^{2-} \longrightarrow 3\,CO_2 + 12\,e^- \tag{7.15}$$

$$\text{陰極反応：} \quad 4\,Al^{3+} + 12\,e^- \longrightarrow 4\,Al \tag{7.16}$$

$$\text{電解反応：} \quad 2\,Al_2O_3 + 3\,C \longrightarrow 4\,Al + 3\,CO_2 \tag{7.17}$$

理論分解電圧は 950~1000°C で 1.15~1.19 V であるが，実際の分解電圧は 1.3~1.85 V である．ホール-エルー法では炭素の化学エネルギーが有効に利用されて電気エネルギーの大幅な節約につながっているが，最新の技術でも 1 t のアルミニウムをつくるのに約 13 000 kWh の電力量を必要とする．これがアルミニウムは電気の塊といわれる由縁である．なお，使用済の回収したアルミニウムをもとの地金に戻すために必要なエネルギーは，アルミナの電気分解で新地金をつくるエネルギーの 3.7% と非常に少なく，アルミニウムの再生利用はたいへん有利である．

[*7] 自焼成式ともいい，陽極の取り替え作業がなくてよい．
[*8] 既焼成式ともいい，電気分解に要する電力は比較的少ない．

7.5 電解製錬と電解精錬

製錬(smelting)とは鉱石から目的の金属を取り出す工程をいい，精錬(refining)とは製錬した金属から不純物を取り除いて純度を高める工程をいう．電気分解を応用する金属の製錬は電解製錬(electrolytic smelting, electrolytic metallurgy)[*9]とよばれ，電気分解を応用する金属の精錬は電解精錬(electrolytic refining)[*10]とよばれる．

7.5.1 電解製錬

電解製錬(electrolytic smelting)は電気分解を応用する金属の製錬法である．亜鉛の電解製錬が代表例であるが，7.4節のアルミニウムの溶融塩電解もこれに含まれる．

亜鉛製錬には，乾式法とよばれる非電解法による製錬技術もあるが，電解法が純度の点で優れており，大規模産業となっている．亜鉛電解製錬の工程を図7.7に示す．まず硫化亜鉛 ZnS を主成分とする亜鉛鉱石(セン亜鉛鉱)を浮遊選鉱(flotation)[*11]などによって選別して得た亜鉛精鉱を高温で空気酸化して酸化亜鉛 ZnO とし(ばい焼(焙焼)(roasting)という)，次にこれを硫酸に入れて溶かす(浸出(leaching)という)．

ばい焼反応： $ZnS + 3/2\,O_2 \longrightarrow ZnO + SO_2$ (7.18)

浸出反応： $ZnO + H_2SO_4 \longrightarrow ZnSO_4 + H_2O$ (7.19)

鉱石中に含まれている SiO_2 は不溶でコロイド状となって分離できる．酸化鉄などは溶解するが，酸化亜鉛が硫酸亜鉛となって溶けるにつれて溶液が中性になるので，鉄分は $Fe(OH)_3$ となって沈殿し，除去される．さらに，溶液中に亜鉛粉末を入れ，亜鉛よりもイオン化傾向の小さい金属を析出させる．析出した金属と等量の

[*9] 類似の意味をもつ電解採取(electrolytic winning)あるいは電解抽出(electrolytic extraction)は，鉱石に適当な処理を施した後，その中の目的金属を水溶液あるいは溶融塩中に浸出させ，この溶液を電気分解して陰極上に金属を析出させる工程である．電解採取は亜鉛の冶金法として経済的で，技術的にも高度な発展を遂げたものである．

[*10] 電解精製(electrolytic refining)ともいう．

[*11] 粉砕した鉱石を，油や起泡剤を加えた水に入れてかきまぜ，濡れにくい鉱物粒子を気泡に付着させて分離・回収する方法．

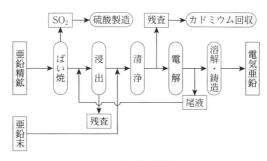

図 7.7　亜鉛電解製錬の工程

表 7.2　亜鉛電解製錬と銅電解精錬の実施例

	電解質溶液	陽極	陰極	温度 (°C)	槽電圧 (V)	電流密度 (A dm^{-2})	電流効率 (%)	製品金属純度 (%)
亜鉛電解製錬	$ZnSO_4$, H_2SO_4, にかわ, 大豆粕など	Pb	Al	30~45	3.3~3.7	0.8~7	80~92	99.98~99.99
銅電解精錬	$CuSO_4$, H_2SO_4, にかわ, NaCl など	粗 Cu	純 Cu	45~60	0.2~0.4	1.5~2	90~95	99.99

亜鉛が溶ける．このようにして調製した硫酸酸性硫酸亜鉛水溶液を電解質溶液とし，陽極には鉛合金，陰極にはアルミニウムあるいは亜鉛板を用いて，無隔膜で電気分解する．電解条件などは表7.2に示してある．電解反応は次の通りである．

陽極反応：　$H_2O \longrightarrow 1/2 O_2 + 2H^+ + 2e^-$　　　　　　(7.20)

陰極反応：　$Zn^{2+} + 2e^- \longrightarrow Zn$　　　　　　(7.21)

電解反応：　$Zn^{2+} + H_2O \longrightarrow Zn + 2H^+ + 1/2 O_2$　　　　　　(7.22)

槽電圧3.3 V，電流効率90%で電気分解する場合，1 tの亜鉛をつくるのに約3000 kWhの電力量を必要とするが，夜間電力を有効に利用し，電力コストを削減している．亜鉛の最大の用途は防食を目的とした溶融めっきや電気めっきによる鉄鋼材料の表面被覆である．このほか，黄銅（真ちゅう）の合金材料や電池の負極活物質などとしても広く使用されている．

7.5.2　電　解　精　錬

電解精錬（electrolytic refining）は，金属元素により陽極溶解または陰極析出の難易に差があることを利用して，目的とする金属を主成分とし，他の種々の不純物を含む粗金属板を陽極として，適当な電解質溶液中で電気分解し，陰極に純粋な目

的金属を析出させる工程である．

電解精錬の代表例は銅の精錬であるが，銅以外にも鉛，銀，金，ニッケル，鉄，ビスマス，インジウムなど多くの金属の高純度品をつくる目的で行われている．

銅電解精錬は，ほかに代替できる精製法がないことや電気エネルギーの消費も少ないことから，大規模産業を形成している．この工程を経て粗銅（純度99%）を純銅（純度99.99%以上）にすることができる．銅電解精錬では，粗銅板を陽極，純銅板を陰極として，硫酸酸性硫酸銅(II)水溶液中で行う．銅電解精錬の反応は次の通りである．

陽極反応： $Cu（粗銅） \longrightarrow Cu^{2+} + 2e^-$ (7.23)

陰極反応： $Cu^{2+} + 2e^- \longrightarrow Cu（純銅）$ (7.24)

電解反応： $Cu（粗銅） \longrightarrow Cu（純銅）$ (7.25)

このように，両極の反応は同じ反応で方向が逆になっただけである．したがって，理論分解電圧は0Vとなり，実際の槽電圧も0.3V程度と非常に低い．電解槽の運転条件などは表7.2に示してある．

銅電解精錬では，上記のような反応で銅の溶解と析出が起こるが，粗銅中に含まれる各種不純物の溶解挙動は次の三つに大別される．① 銅よりイオン化傾向の大きい鉄，ニッケル，亜鉛，ヒ素，ビスマスなどは銅とともに電解質溶液中に溶解するが，陰極電位がそれらの析出電位に達していないので電析しないで電解質溶液中にイオンとして残る．② 銅よりイオン化傾向の小さい金，銀などの貴金属やセレン，テルルなどは溶解しないで陽極に残るか電解槽の底にアノードスライム

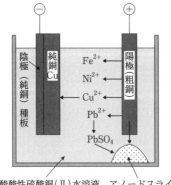

図 7.8 銅電解精錬の原理

(anode slime) として沈積する．③ 鉛はいったん溶解するが，すぐに不溶性塩 $PbSO_4$ として沈殿する．したがって，純銅の陰極上には粗銅から溶け出した Cu^{2+} ともともと硫酸銅（Ⅱ）水溶液に含まれていた Cu^{2+} だけが銅として析出するので，陰極では純粋な銅が得られる．これらのようすを図7.8に示す．

銅電解精錬は，銅製錬所から産出する粗銅から電線などに使えるような高純度の銅を製造するとともに，鉱石中に共存する金，銀などの貴金属の分別採取を目的として，大規模に行われている．なお，粗銅からの金銀の分別採取は，現在のところ電解精錬以外に方法がなく，これが貴金属精錬の出発点になっている．

演習問題

7.1 電気分解による物質製造の特徴について述べなさい．

7.2 3時間20分にわたって2.00 Aの一定電流を流したところ，陰極上へ析出した銅は7.80 gであった．このとき銅の析出に対する電流効率を求めなさい．ただし，銅のモル質量は63.55 g mol^{-1} である．

7.3 Ni^{2+} を含むめっき浴を用いて，13分間，ニッケルめっきを行ったところ，試料の質量増加は1.350 gであった．この際，めっき槽と直列につないだ銅電量計の陰極側の質量増加は1.531 gであった．このめっきにさいしての電流効率を求めなさい．ただし，ニッケルと銅のモル質量はそれぞれ58.69，63.55 g mol^{-1} である．

7.4 次の各電解プロセスの原理と特徴について述べなさい．
　（1）　イオン交換膜法食塩電解
　（2）　銅電解精錬

7.5 溶融塩や有機溶媒を使用する非水溶液電解の特徴を，水溶液電解の場合と対比しながら述べなさい．

7.6 アクリロニトリルの電解還元二量化によるアジポニトリルの合成について，図書やインターネットなどで調査し，レポートにまとめなさい．

7.7 食塩電解による水素，塩素およびカセイソーダの製造の理論電気量原単位 $Q°$ を kAh t^{-1} の単位で求めなさい．また，アルミニウム電解によるアルミニウムの製造の理論電気量原単位 $Q°$ を kAh t^{-1} の単位で求めなさい．

7.8 水を電気分解する際の理論分解電圧は1.23 Vである．1.00 tの水を電気分解して水素と酸素を得たい．この際に必要な理論電気量と理論電解エネルギーを計算しなさい．ただし，理論電解エネルギー（J）は（理論分解電圧（V））×（理論電気量（C））で与えられ，1 J = 1 V Cである．また，水のモル質量は18.02 g mol^{-1} である．

第8章 表面の処理と高機能化

　私たちの日常生活では金や銀をめっき（plating）した装飾品をよくみかけるし，エレクトロニクス機器のプリント配線板のように目に見えないところでもめっきが多用されている．めっきに限らず従来あまり重要視されていなかった表面処理や材料加工などの技術が各種材料の高精度，高性能，高機能，高信頼性などへの要求から，現在では，非常に重要な位置を占めるようになっている．本章では，電気めっきのほか，アノード処理（anodic treatment）や電着塗装（electrodeposition coating, electrocoating）の原理と応用について述べる．

8.1 電気めっき

　めっき（plating）とは，広義には金属薄膜を対象物の表面上に形成させる方法をいうが，通常は電気化学反応による薄膜形成をさす場合が多い．めっきには，水溶液中の金属（錯）イオンのカソード還元により金属薄膜を形成させる電気めっき（electroplating）と外部電源を用いず，還元剤を利用する無電解めっき（electroless plating）があるが，ここでは電気めっきのみをとりあげることにする．

　電気めっきは，一般に，溶液中にある金属イオンが陰極表面まで移動する物質移動過程，陰極のごく近傍まできた金属イオンが陰極表面で電子を受け取って金属原子となるとともに水和水や配位子を放出する電荷移動過程，および還元された原子が結晶に組み込まれていく結晶化過程からなっている．電荷移動過程と結晶化過程は次のように表される．

$$\text{電荷移動過程：} \quad M^{n+} + n\,e^- \longrightarrow M_{ad} \tag{8.1}$$

$$\text{結晶化過程：} \quad M_{ad} \longrightarrow M_{latt} \tag{8.2}$$

ここで，M^{n+} は金属イオン，M_{ad} は中間体の吸着金属原子，M_{latt} は結晶格子形成原子である．水和イオンからのめっきでは，溶液本体の水和した金属イオンは，

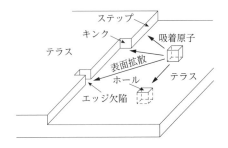

図 8.1 金属表面の微視的なようす

拡散,泳動または対流によって電極/溶液界面に近づき,ついで外部ヘルムホルツ面で還元されて金属原子になるとともに,脱水する.生成した金属原子は,素地金属の結晶格子に組み入れられる.金属は多結晶体であり,微視的には表面に無数の粒界が存在し,単結晶面でも図 8.1 に示すようにテラス(terrace)のほかにステップ(step),キンク(kink),エッジ欠陥(edge vacancy),ホール(hole)などのサイト(site)が存在する.析出した金属原子は表面拡散してエネルギー的に安定なサイトに組み込まれる.たとえば,生成した金属原子はまずテラスに吸着する.ついで吸着原子は表面拡散によってステップに到着し,最終的にはキンクに組み込まれる.これが結晶化過程である.

結晶化過程が電荷移動過程に比べて遅く,それがカソード析出の律速段階となる場合があり,この過電圧を結晶化過電圧(crystallization overpotential)という.吸着中間体の活量は結晶化過電圧に依存するので,結晶成長や析出形態は結晶化過電圧に大きく依存する.高い結晶化過電圧では,結晶核生成速度が成長速度に比べて速く,微細な結晶粒からなる電析物が得られる.

めっき電流密度は,工業的見地から,できるだけ高いことが望ましい.電流密度が高いと金属イオンの還元速度は速く,新しい結晶核が多数発生し,多くの微細な結晶が得られるので,良好なめっき面になる.しかし,電流密度が高すぎると,金属の析出と並行して水素発生反応も進行し,めっき面が樹枝状や粉末状になりやすい.使用可能な電流密度の上限は金属イオンの電極への物質移動速度に支配されるので,めっき浴のかくはんは電流密度の増加に有効な手段となる.また,かくはんは水素ガス泡の付着を妨げるので,ピット(pit)[*1]の発生防止にも有効である.

めっき浴の温度を高くすると,析出物の結晶粒が粗大になり均一電着性が低下す

---

*1 めっきされていない小さな孔をいう.

るが，金属塩の溶解度が増加するので，電気伝導率が大きくなり限界電流密度が増大する．また，溶液の粘性率が低下するので，水素気泡の付着が抑制され，吸蔵水素量，残留応力が減少する．

　めっき浴中の金属イオン濃度を高くすると，電気伝導率が上がるとともに限界電流密度が高くなって高電流密度の使用が可能となるが，過電圧は低下し，析出物が粗大化する傾向がある．そのため，実用めっきでは，錯塩化することにより金属イオンを安定化し過電圧を上昇させる方法がしばしば採用される．カドミウム，亜鉛，銅，銀などのめっきに用いられるシアン化物浴，ピロリン酸浴などがその例である．

　また，めっき速度はめっき浴のpHに依存する場合が多い．強酸性浴や強アルカリ性浴におけるめっき特性はpH値にあまり敏感でないが，弱酸性浴が用いられるニッケル，鉄，亜鉛などのめっきでは，pHが低下すると水素発生のため電流効率が低下してピットが発生し，またpHが上昇すると水酸化物などが共析するため表面が粗くなり，残留応力も増大する．それゆえ，めっき浴（plating bath）のpH変化を抑制するために，ホウ酸，炭酸ナトリウム，酢酸ナトリウムなどのpH緩衝剤を添加することが多い．

　陽極には，通常，めっき浴中の金属イオン濃度を一定に保つため，めっき金属と同じような金属板が可溶性陽極として用いられる．鉄，ニッケルなどの不動態化しやすい金属の場合には，めっき浴に塩化物イオンを添加して不動態化を防止する．連続体などへのめっきでは，主として作業管理上の理由から，貴金属被覆チタン，鉛などの不溶性陽極が用いられることが多い．この場合には，金属イオンは金属塩の添加などにより補給される．

　陰極上に密着性のよいめっきを得るためには，めっき前処理が必要である．これは金属表面を清浄にする作業であり，洗剤脱脂，アルカリ脱脂，電解脱脂などが含まれる．

　以上のように，電気めっきに影響を与える因子は電流密度，めっき浴の種類，金属イオン濃度，pH，温度，かくはん，添加剤，前処理など数多くある．

　電気めっきの主な目的は表面を美しくする，素地を保護する，あるいは特殊な機能をもたせることにある．たとえば，装飾用に金，銀，ニッケル，クロムなどの薄膜をつけたり，防食用に鉄鋼へ亜鉛，スズ，鉛あるいはニッケル-クロムなどの多層めっきを施すことは古くから行われてきた．最近では，電子工業の発展に伴い，

表 8.1 金めっきの実施例

めっき浴	アルカリ性浴	中性浴	酸性浴	ノーシアン浴
浴組成	KAu(CN)$_2$ 8 g dm^{-3} KCN 90 g dm^{-3}	KAu(CN)$_2$ 4 g dm^{-3} Na$_3$PO$_4$ 15 g dm^{-3} Na$_2$HPO$_4$ 20 g dm^{-3}	KAu(CN)$_2$ 10 g dm^{-3} クエン酸 90 g dm^{-3}	HAuCl$_4$ 0.05 mol dm^{-3} Na$_2$SO$_3$ 0.42 mol dm^{-3} Na$_2$S$_2$O$_3$·5 H$_2$O 0.42 mol dm^{-3}
pH		6.7〜7.5	3〜5	7.4
温度	20〜30°C	20〜30°C	40°C	55°C
電流密度	2 A dm^{-2}	2〜2.5 A dm^{-2}	1〜2 A dm^{-2}	0.35〜0.7 A dm^{-2}
陽極	Au, ステンレス	Pt めっき Ti	Pt めっき Ti	Pt めっき Ti

機能めっきが電子部品の製造に広く用いられるようになった．磁気記憶素子に用いられる鉄-ニッケル合金，ニッケル-コバルト合金めっき，電気接点への金，銀，ロジウム，パラジウムめっきなどがその例である．以下では，電気めっきの代表例として金めっきをとりあげる．

金めっきは装飾を主目的とし，防食も兼ねてよく用いられている．さらに，金は耐食性に富み，電気抵抗が小さく，熱伝導性もよいために，コンピュータなどの重要な電子部品に多く使われている．代表的な金めっき浴を表8.1に示してある．シアン化物を含む浴の場合には，電気分解しなくても金が容易に化学溶解してしまうので，白金めっきしたチタンなどの不溶性陽極が用いられる．金めっきの反応は，たとえばアルカリ性浴では，次の通りである．

陽極反応： $OH^- \longrightarrow 1/4\,O_2 + 1/2\,H_2O + e^-$ (8.3)

陰極反応： $Au(CN)_2^- + e^- \longrightarrow Au + 2\,CN^-$ (8.4)

めっき反応：

$Au(CN)_2^- + OH^- \longrightarrow Au + 2\,CN^- + 1/2\,H_2O + 1/4\,O_2$ (8.5)

最近では，高濃度のシアン化物を含むアルカリ性浴はあまり使用されず，リン酸を含む中性浴やクエン酸を含む弱酸性浴のほうがよく使用されている．もっとも望ましいのはシアン化物を含まない浴であるが，まだ開発途上にある．

8.2 アノード処理

アルミニウムは本来イオン化傾向が大きく，化学的に不安定なものであるにもか

かわらず，たとえば料理用のアルミニウム箔にみられるように，大気中や純水中でさびが進行しないのは表面に生成する薄くて透明な酸化アルミニウムの皮膜が緻密で，内部への酸化の進行を防止しているためである．このような自然に生成する酸化皮膜は非常に薄く，力を加えると破壊されやすい．これに対して，アルミサッシの表面は機械的強度が大きい．これは，アルミニウムを硫酸やシュウ酸などの水溶液中でアノード酸化する（アルマイト処理（alumite treatment）という）ことによって表面に 10～100 μm 程度の厚く強固な酸化皮膜を形成させてあることによる．

アルミニウムのアノード酸化反応（anodic oxidation reaction）は次式で表される．

$$2\,Al + 3\,H_2O \longrightarrow Al_2O_3 + 6\,H^+ + 6\,e^- \tag{8.6}$$

生成した酸化皮膜のアルミニウム側は絶縁性の緻密な膜であり，これをバリヤー層（barrier layer）という．高電圧下で，この層を通して O^{2-} が移動することにより酸化皮膜が成長する．一方，酸化皮膜の電解質溶液側では式(8.7)の反応で一部が酸に溶解するため，図8.2に示すような直径数十 nm の細孔が開いており，この部分をポーラス層（porous layer）という．そのような細孔は沸騰水あるいは過熱水蒸気にさらすことによってふさぐことができる（封孔処理（sealing）という）．封孔できるのはアノード酸化直後の多孔質 α-Al_2O_3 が熱水と反応して γ-$Al_2O_3 \cdot H_2O$（ベーマイト）が生成するためである．この処理により，皮膜の耐食性，耐摩耗性，耐汚染性，耐候性などが大きく改善される．このようにしてアルマイト（anodized aluminum）製品がつくられる．

$$Al_2O_3 + 6\,H^+ \longrightarrow 2\,Al^{3+} + 3\,H_2O \tag{8.7}$$

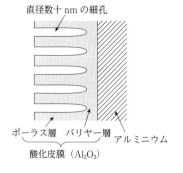

図 8.2　アルミニウムのアノード酸化皮膜の構造

8.2 アノード処理

　塩酸や塩化ナトリウムあるいは塩化アンモニウムのような Cl^- を含む酸や塩の水溶液中でアルミニウムをアノード酸化する（エッチング（etching）という）と，アルミニウム表面に直径 1 μm くらいの細孔（エッチピット（etch pit）という）が無数に生じる．そのため，エッチングしたアルミニウムは真の表面積が非常に大きい．そのようなアルミニウムをリン酸アンモニウムやアジピン酸アンモニウムのような中性塩の水溶液中でアノード酸化する（化成（formation）という）と，非常に緻密で強固なバリヤー層が生成する．Al_2O_3 からなるそのバリヤー層は 10～100 nm と非常に薄く，Al_2O_3 の誘電率が 8～10 と大きいので，これら二つのアノード酸化処理を施したアルミニウム箔を用い，導電体と組み合わせることにより大容量のコンデンサー（condenser）（キャパシタ（capacitor）ともいう）を作製できる．なお，コンデンサーの貯めることのできる電気容量すなわち静電容量 C (F) は，真空の誘電率 $\varepsilon_0 (= 8.854 \times 10^{-12}$ F m^{-1})，酸化皮膜の比誘電率 ε_r，電極の表面積を A (m^2)，膜厚を d (m) とするとき，次式で与えられる．

$$C = \varepsilon_0 \varepsilon_r A / d \tag{8.8}$$

そこで，コンデンサーの静電容量を大きくするにはできるだけ表面積を大きくして膜厚を小さくするとよい．アルミニウム電解コンデンサー（aluminum electrolytic condenser）は，エチレングリコール-グリセリンにホウ酸アンモニウムなどを溶解した電解質溶液を含浸させたセパレータ紙を挟んで，アルミニウム箔と絶縁性のバリヤー層（酸化皮膜）を形成させたアルミニウム箔を向い合わせた，図 8.3 に示すような構造になっている．

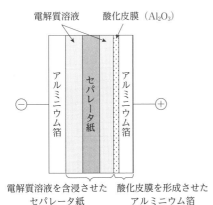

図 8.3　アルミニウム電解コンデンサーの基本構造

表 8.2　アルミニウムのアノード酸化皮膜の電解着色

着色浴成分	析出物	色
$NiSO_4 + H_3BO_3$	Ni	黄色〜褐色〜黒色
$CoSO_4 + H_3BO_3$	Co	褐色
$CuSO_4 + H_3BO_3$	Cu	赤銅色〜栗色〜黒色
$SnSO_4 + H_2SO_4$	Sn	赤褐色
$Pb(CH_3COO)_2$	Pb	ブロンズ色
$AgNO_3$	Ag	黄緑色
$HAuCl_4$	Au	赤紫色
$Na_2SeO_3 + H_2SO_4$	Se	黄色
$KMnO_4$	MnO_2	褐色

アルミニウムのアノード酸化皮膜におけるポーラス層は内表面積が非常に大きく，また正に荷電していて吸着活性が大きいため，アゾ染料のようなアニオン染料によく染まり，任意の着色が可能である．また，ポーラス層の着色は電気分解によっても可能であり，これを電解着色（electrolytic coloring）という．電解着色では，ポーラス層を形成させたアルミニウムを電極に用いて，金属塩を含む電解質溶液中で交流電解あるいは直流でのカソード還元を行う．そうすると，細孔中に金属粒子または金属酸化物粒子が析出し，これが光を散乱して，表 8.2 に示すような，析出物に応じた特定の色を示す．このような着色法はアルミ建材などのカラー化によく用いられる．

8.3　電着塗装

電着塗装（electrodeposition coating, electrocoating）は，比較的低濃度の水溶性塗料（顔料＋樹脂粒子）溶液中に被塗装物を浸漬して，被塗装物と対極の間に高電圧をかけると，水の電気分解によって電極のごく近傍の pH が変化し，そのため塗料粒子が凝析・付着する性質を利用する塗装法である．塗料は高分子電解質として水溶液あるいは分子コロイドを形成しており，その電荷の正負によりカソード（陰極）かアノード（陽極）に電着するので，それぞれカチオン電着塗装（cation electrodeposition coating），アニオン電着塗装（anion electrodeposition coating）とよばれる．

アニオン電着塗装では被塗装物を陽極としてアノード分極するため素地金属の酸化溶出を招くおそれがあるので，現在，自動車車体の塗装では防錆力の向上のため

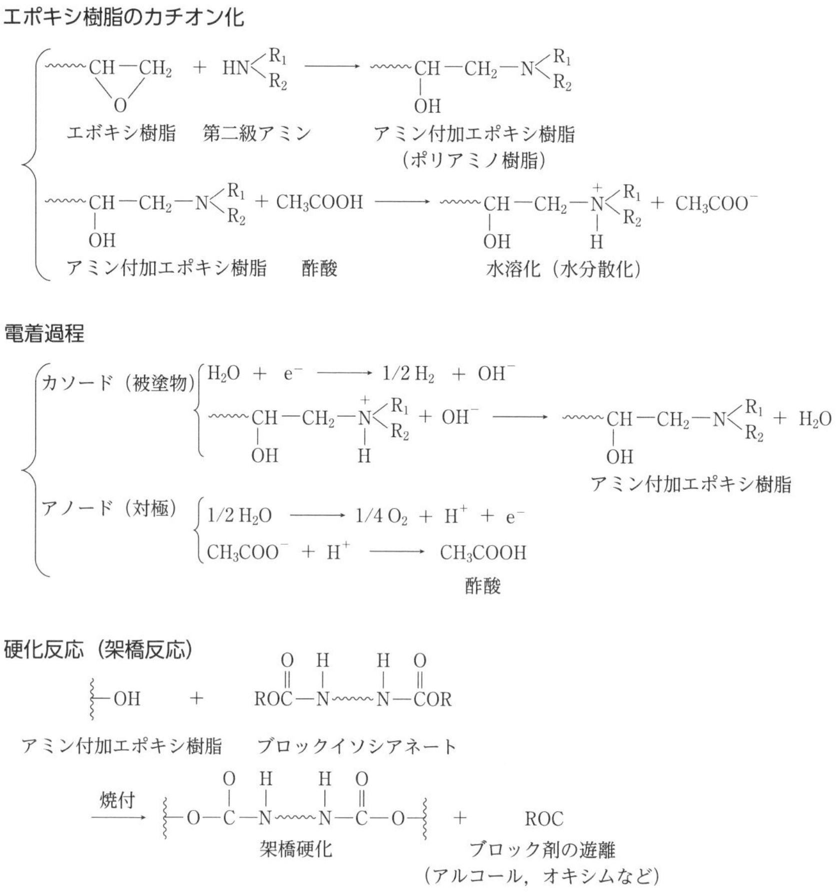

8.3 電着塗装

エポキシ樹脂のカチオン化

$$\sim\sim CH-CH_2 + HN{<}^{R_1}_{R_2} \longrightarrow \sim\sim CH-CH_2-N{<}^{R_1}_{R_2}$$
$$\quad\quad\backslash O/ \quad\quad\quad\quad\quad\quad\quad\quad\quad\quad\quad |$$
$$\quad\quad\quad\quad\quad\quad\quad\quad\quad\quad\quad\quad\quad\quad OH$$

エポキシ樹脂　　第二級アミン　　　アミン付加エポキシ樹脂
　　　　　　　　　　　　　　　　　　（ポリアミノ樹脂）

$$\sim\sim CH-CH_2-N{<}^{R_1}_{R_2} + CH_3COOH \longrightarrow \sim\sim CH-CH_2-\overset{+}{N}{<}^{R_1}_{R_2} + CH_3COO^-$$
$$\quad |\quad\quad\quad\quad\quad\quad\quad\quad\quad\quad\quad\quad\quad\quad\quad |\quad\quad H$$
$$\quad OH\quad\quad\quad\quad\quad\quad\quad\quad\quad\quad\quad\quad\quad OH$$

アミン付加エポキシ樹脂　　酢酸　　　　　水溶化（水分散化）

電着過程

カソード（被塗物）
$$H_2O + e^- \longrightarrow 1/2\,H_2 + OH^-$$

$$\sim\sim CH-CH_2-\overset{+}{N}{<}^{R_1}_{R_2} + OH^- \longrightarrow \sim\sim CH-CH_2-N{<}^{R_1}_{R_2} + H_2O$$
$$\quad |\quad\quad\quad\quad H\quad\quad\quad\quad\quad\quad\quad\quad\quad\quad\quad\quad |$$
$$\quad OH\quad\quad\quad\quad\quad\quad\quad\quad\quad\quad\quad\quad\quad\quad\quad OH$$
　　　　　　　　　　　　　　　　　　　　アミン付加エポキシ樹脂

アノード（対極）
$$1/2\,H_2O \longrightarrow 1/4\,O_2 + H^+ + e^-$$
$$CH_3COO^- + H^+ \longrightarrow CH_3COOH$$
　　　　　　　　　　　　　酢酸

硬化反応（架橋反応）

$$\}-OH + ROC-\underset{H}{\overset{O}{\|}}N\sim\sim N-\underset{H}{\overset{O}{\|}}COR$$

アミン付加エポキシ樹脂　　ブロックイソシアネート

$$\xrightarrow{\text{焼付}} \}-O-\underset{H}{\overset{O}{\|}}C-N\sim\sim N-\underset{H}{\overset{O}{\|}}C-O-\{ + ROC$$

　　　　　　　架橋硬化　　　　　　　　　　ブロック剤の遊離
　　　　　　　　　　　　　　　　　　　（アルコール，オキシムなど）

図 8.4　カチオン電着塗装の反応過程

カチオン電着塗装が採用されている．カチオン電着塗装は前処理工程，電着工程，水洗工程および焼付工程からなるが，その反応過程を図 8.4 に示す．電着工程では，通常，印加電圧 250～350 V，温度 25～30°C，膜厚 20～25 μm の場合，2～3 min で塗装が終了する．

電着塗装では，塗料が電着した部分は大きな皮膜抵抗となって分極が増大して電着しにくくなるため，電着は未塗装部分に順次移動して，複雑な形状のものでも隅々まで均一に塗装できるいわゆるつきまわり性が非常によくなるとともに，皮膜内では電気浸透が発生して内部の水を膜外へ移動して脱水を行う結果，塗装物全体

が緻密で均一な絶縁塗膜で覆われることになる．電着塗装は，強固で均一な塗膜が得られ，防食上よく，塗料の節約にもなる．塗装管理の自動化・省力化が容易であり大量生産に適している．水性塗料を用いるため火災に対して安全でかつ作業環境がよい，水性排水の公害対策が容易であるなど，多くの特長をもっている．そのため，自動車車体の下塗りをはじめ，建材，スチール家具，電気製品などの塗装手段として広く用いられている．

演 習 問 題

8.1 電気めっきの原理について述べなさい．
8.2 一般の電気めっき浴に含まれる成分の果たす役割を述べなさい．
8.3 電気めっきに影響を及ぼす因子について述べなさい．
8.4 無電解めっきの原理と特徴について，図書やインターネットで調査し，レポートにまとめなさい．
8.5 アルミニウムの表面処理において重要な役割を果たす酸化皮膜の活用法を述べなさい．
8.6 アルミニウム電解コンデンサー（キャパシタ）について述べなさい．
8.7 電解着色について述べなさい．
8.8 自動車車体の塗装などでよく用いられる電着塗装の原理と特徴について述べなさい．

第 9 章

金属の腐食とその防止

　鉄がさびることはよく知られているが，鉄に限らず，一般に，金属が自然に溶解したりさびたりする現象を腐食（corrosion）という．腐食は資源・エネルギーの浪費であるばかりか，安全性や美観の点からも重要な問題である．機械，装置，構造物などを腐食されないようによく管理することは非常に経済的である．ふつうの腐食では，電池と同じ反応機構が考えられている．腐食の詳細な機構が明らかにされると，それを防ぐための防食法もおのずからわかってくる．本章では，主として，腐食機構と防食法について述べる．

9.1 腐　　食

9.1.1 腐食の機構：局部電池機構

　金属の腐食現象は，一般に，局部電池機構（local cell mechanism）とよばれる電気化学的な機構で説明される．まず，図9.1(a) をみてみよう．ここにはダニエル電池（Daniell cell）の反応（放電）機構が示されている．すでに学んだように，負極でZnがアノード溶解してZn^{2+}になり，正極でCu^{2+}がカソード還元されてCuになることによって，電池の放電反応が進行する．

　　アノード（負極）反応：　$Zn \longrightarrow Zn^{2+} + 2\,e^-$

　　　$E° = -0.763$ V $vs.$ SHE　　　　　　　　　　　　　(9.1)

　　カソード（正極）反応：　$Cu^{2+} + 2\,e^- \longrightarrow Cu$

　　　$E° = 0.340$ V $vs.$ SHE　　　　　　　　　　　　　(9.2)

反応の駆動力は正負両極系の電位の差であり，ダニエル電池の場合には標準起電力で示すと 1.100 V となる．それに対して，図9.1(b) に示したボルタ電池（Volta cell, Voltaic cell）では，正極の Cu 表面で H^+ の放電による水素発生反応が進行する．

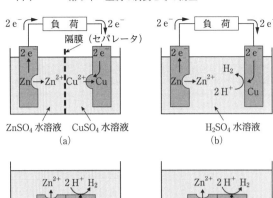

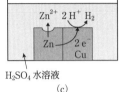

図 9.1 電池反応と亜鉛の溶解の機構
(a) ダニエル電池
(b) ボルタ電池
(c) 亜鉛と銅を接続
(d) 亜鉛のみ

カソード（還元）反応： $2H^+ + 2e^- \longrightarrow H_2$

$E° = 0$ V $vs.$ SHE　　　　　　　　　　　　　　　　　(9.3)

この電池の標準起電力は 0.763 V であり，ダニエル電池に比べて低いが，ボルタ電池の形成により，アノード（負極）の Zn が溶解することがわかる．図 9.1(c) のように，Zn 極と Cu 極を短絡させると，外部に電気を取り出すことはできないけれども，Zn はアノード溶解し，Cu 表面上で式 (9.3) の水素発生反応が起こることはボルタ電池の場合と同じである．図 9.1(d) のように，Cu 電極を取り除いて Zn 電極だけを硫酸水溶液に浸漬しても，速度は遅いが Zn は水素を発生しながら溶解する[*1]．

次に，酸性水溶液中での鉄の腐食を考えてみよう．その概念図を図 9.2 に示す．鉄の表面はエネルギー的に決して一様ではなく，局部的に溶解しやすいところとそうでないところがある．実際，腐食した鉄の表面をよく見ると小さな孔がたくさんあるが，この孔は鉄が優先的に溶解したところ[*2]である．鉄のアノード酸化（溶解）反応は次式で表される．

---

*1　実際には，Zn が溶解するところと水素が発生するところはすぐ近くである．すなわち，Zn の表面は物理的あるいは化学的に不均一で，エネルギー的に一様ではないので，Zn のエネルギーが高くて溶解しやすいところが溶解して，その近くのエネルギーが低くて溶解しにくいところから水素が発生すると考えてよい．

*2　局部アノード（local anode）という．

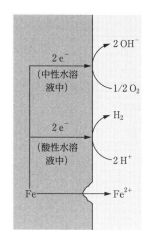

図 9.2 鉄の腐食機構(局部電池機構)

アノード酸化反応: $\mathrm{Fe} \longrightarrow \mathrm{Fe}^{2+} + 2\,\mathrm{e}^-$　　$E° = -0.440$ V vs. SHE
(9.4)

孔の周辺の腐食されていないところ[*3]では,式(9.3)のようなH^+の還元反応が起こる.このように,式(9.4)の反応で鉄の中に残された電子は,孔の周辺に移動し,式(9.3)で示したH^+の還元反応に消費される.そこで,反応は全体として次のようなる.

腐食反応: $\mathrm{Fe} + 2\mathrm{H}^+ \longrightarrow \mathrm{Fe}^{2+} + \mathrm{H}_2$
(9.5)

これらのアノード酸化反応とカソード還元反応の標準電極電位は25℃でそれぞれ-0.440 V vs. SHE,0 V vs. SHEであるから,この電池の標準起電力は0.440 Vとなり,ギブズエネルギーが負($\Delta G = -nFE < 0$)となるので電池反応は自然に進行すると考えられる.鉄の腐食反応だけではなく,一般に,金属の腐食反応にはこのような局部電池機構とよばれる電池反応を模した電気化学的な機構がそのまま適用できる.

なお,溶液中に酸素が溶存している[*4]場合には,カソード還元反応として式(9.3)に代わり酸素の還元反応が起こることも考えられる.酸性水溶液中での腐食反応においては溶存酸素の寄与はほとんど無視できるが,中性およびアルカリ性水溶液中では,H^+の濃度が非常に低いため,次式に示す酸素の還元反応が重要にな

---

*3　局部カソード(local cathode)という.
*4　一般に,空気にさらされている水溶液には,25℃で2.5×10^{-4} mol dm^{-3}程度の酸素が溶解している.

る.

　　カソード還元反応： $1/2\,O_2 + H_2O + 2\,e^- \longrightarrow 2\,OH^-$

　　$E° = 0.401$ V $vs.$ SHE　　　　　　　　　　　　　　　　(9.6)

それゆえ，腐食反応は式(9.4)と式(9.6)から次式のようになる．

　　腐食反応： $Fe + 1/2\,O_2 + H_2O \longrightarrow Fe^{2+} + 2\,OH^-$　　(9.7)

このような中性ないしアルカリ性水溶液の場合には，溶解した鉄は次の反応によってFeOOHを主成分とするさびとなる．

　　さび生成反応： $Fe^{2+} + 1/4\,O_2 + 2\,OH^- \longrightarrow FeOOH + 1/2\,H_2O$
　　　　　　　　　　　　　　　　　　　　　　　　　　　　　　　　　(9.8)

実際には，FeOOHのほかにFe_2O_3やFe_3O_4なども含まれ，鉄さびの組成はたいへん複雑である．このように，さびが生ずるには水と酸素が必要であるが，溶液のpHにより腐食の反応にかかわる物質や生成物が異なる．

9.1.2　腐食の速度論：腐食電位と腐食電流

すでに述べたように，腐食反応は金属のアノード溶解とH^+や溶存酸素のカソード還元が同時に，しかもつりあった条件で進行する．そこで，これらの反応速度に対応する電流（絶対値）をそれぞれI_a, I_cとすると，腐食反応の速度I_{corr}は$I_{corr} = I_a = I_c$である．図9.3には鉄の腐食に対する局部電池の分極曲線（電流-

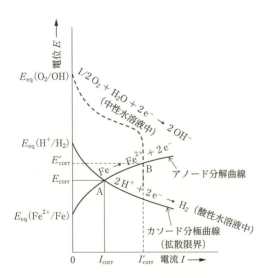

図9.3　鉄の腐食に対する局部電池の分極曲線

電位曲線）を示してある．図中の破線は，溶存酸素が存在する中性水溶液中での鉄の腐食の電流-電位曲線である．局部アノード分極曲線と局部カソード分極曲線が交差したところの電極電位と電流はそれぞれ腐食電位（corrosion potential）E_{corr}，腐食電流（corrosion current）I_{corr} とよばれる．鉄の溶解反応のアノード分極曲線と H^+ の還元反応のカソード分極曲線が組み合わさって腐食速度が決まる点 A のほかに，鉄の溶解反応のアノード分極曲線と溶存酸素の還元反応のカソード分極曲線が組み合わさって腐食速度が決まる点 B も示してある．溶存酸素が関与する場合には，拡散による溶存酸素の鉄表面への補給量には限界があり，この図のように拡散限界電流が現れ，それによって腐食速度が決まることが多い．

鉄片を作用電極（試験電極）とし，適当な対極と参照電極を用いて，溶存酸素のない酸性水溶液中で分極曲線を測定すると，図 9.3 や図 9.4 のようなアノード分極曲線とカソード分極曲線が得られる．なお，両図では横軸の電流の表示が I と $\log I$ で異なっている点を注意されたい．このようなアノード分極曲線は鉄の溶解反応のアノード分極曲線とだいたい一致し，カソード分極曲線は H^+ の還元反応のカソード分極曲線とだいたい一致している．したがって，この腐食反応の分極曲線は，式(9.4) のアノード酸化反応と式(9.3) のカソード還元反応に対応する分極曲線を合成することによって得られる．

ところで，鉄の溶解反応と H^+ の還元反応に対しては，各平衡電位は図中の

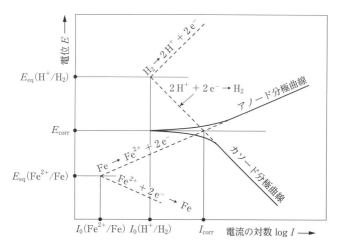

図 9.4　酸性水溶液中における鉄の腐食に対する分極曲線

$E_{eq}(Fe^{2+}/Fe)$ および $E_{eq}(H^+/H_2)$ で示され，またそれぞれに対する交換電流（密度）は $I_0(Fe^{2+}/Fe)$ と $I_0(H^+/H_2)$ で示される値である．これと類似した関係で，腐食のアノード酸化反応による電流密度とカソード還元反応による電流が一致する電位，すなわち腐食電位 E_{corr} とそれに対応する腐食電流 I_{corr} を図中に示してある．定常状態では，両極において同じ電位（腐食電位 E_{corr}）と電流（腐食電流 I_{corr}）で反応が進行している．この腐食電位は，試験片が溶液に浸漬されたときに示す電位であり，腐食電流は試験片が溶解する速度に相当する電流である．したがって，鉄の腐食量は鉄片の質量減少から求めても［腐食電流 × 時間 = 腐食に対応する電気量］の関係からファラデーの法則を用いて計算される腐食量とも一致するはずである．腐食電流は図9.4のようなターフェルプロットから求められる．また，分極の小さい領域で適用される微小分極法により交換電流密度を求めたのと類似の方法を用いて求めることもできる．

ただし，腐食電位と電極の平衡電位とは物理的意味が異なっているので注意を要する．平衡電位がアノード酸化反応とカソード還元反応が同一の反応で正逆方向の反応で成り立つのに対して，腐食電位はアノード酸化反応とカソード還元反応が異なる種類の反応から成り立つもの[*5]である．交換電流と腐食電流も同様の関係にある．

9.1.3 腐食の平衡論：電位-pH 図

金属の腐食は，表面が純金属か酸化物などで覆われているかという表面状態によって大きな影響を受けるので，金属の腐食を考える上で表面組成を考慮することが重要である．この場合，金属-金属イオン-酸化物などの間の平衡論に基づいて得られる電位-pH 図（potential-pH diagram）（プールベイ図（Pourbaix diagram）とよばれる）が非常に参考になる．

一例として，Fe-H_2O 系の電位-pH 図を図 9.5 に示す．ここには，金属が安定に存在するか溶解するかの目安として，25°Cで 10^{-6} mol dm^{-3} の各金属イオン（活量 10^{-6}）と平衡するときの電極電位がpHの関数として示されている．このときの電極電位は，ネルンスト式を用いた計算により求められる．たとえば，直線 ⓐ は式(9.9)の反応の平衡を表しており，式(9.10)のように計算で導かれる．

[*5] 混成電位（mixed potential）という．

9.1 腐　　食　　　119

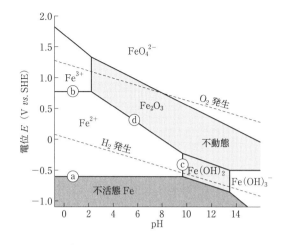

図 9.5 Fe-H$_2$O 系の電位-pH 図
各イオンの濃度：
10^{-6} mol dm^{-3}, 25℃.

$$Fe^{2+} + 2\,e^- = Fe \tag{9.9}$$

$$\begin{aligned} E &= E°(Fe^{2+}/Fe) + (RT/2F)\ln a_{Fe^{2+}} \\ &= -0.440 + (0.059/2)\log 10^{-6} = -0.617 \text{ V } vs.\,\text{SHE} \end{aligned} \tag{9.10}$$

Fe が直線 ⓐ の電位すなわち -0.617 V $vs.$ SHE よりも負の電位に保たれると安定であり，正の電位に保持されると溶解して Fe^{2+} となる．直線 ⓑ は式(9.11)の反応の平衡であり，同様にして式(9.12) が導かれる．

$$Fe^{3+} + e^- = Fe^{2+} \tag{9.11}$$

$$\begin{aligned} E &= E°(Fe^{3+}/Fe^{2+}) + (RT/F)\ln a_{Fe^{3+}}/a_{Fe^{2+}} \\ &= 0.771 + 0.059\log 10^{-6}/10^{-6} = 0.771 \text{ V } vs.\,\text{SHE} \end{aligned} \tag{9.12}$$

直線 ⓒ は次式の平衡を示している．

$$Fe(OH)_2 = Fe^{2+} + 2\,OH^- \tag{9.13}$$

この反応の平衡は平衡定数の代わりに Fe(OH)$_2$ の溶解度積（solubility product）$K_{Fe(OH)_2}$ で示される．

$$K_{Fe(OH)_2} = a_{Fe^{2+}}(a_{OH^-})^2 = 10^{-14.71} \tag{9.14}$$

$\log a_{OH^-} = \text{pH} - 14$ の関係を用いて，式(9.14) を変形すると

$$\begin{aligned} \log a_{Fe^{2+}} &= -14.71 - 2\log a_{OH^-} = -14.71 - 2(\text{pH} - 14) \\ &= 13.29 - 2\text{pH} \end{aligned} \tag{9.15}$$

さらに，この式に $a_{Fe^{2+}} = 10^{-6}$ を代入すると，pH 9.65 が得られる．直線 ⓓ は式(9.16) の反応の平衡であり，上記と同様にして式(9.17) が導かれる．

$$Fe_2O_3 + 6\,H^+ + 2\,e^- = 2\,Fe^{2+} + 3\,H_2O \tag{9.16}$$

$$E = E°(\mathrm{Fe}^{2+}/\mathrm{Fe_2O_3}) + (3RT/F)\ln a_{\mathrm{H}^+} - (RT/F)\ln a_{\mathrm{Fe}^{2+}}$$
$$= 0.728 - (3 \times 0.059)\mathrm{pH} - 0.059\log 10^{-6} = 1.082 - 0.177\mathrm{pH}$$
(9.17)

したがって，この平衡は pH に依存していることがわかる．ほかの直線もこのようにして決められたものである．

9.1.4 不活態と不動態

図 9.5 は，金属状態で安定な領域，固体酸化物あるいは水酸化物が安定な領域および可溶性イオンが存在する領域の三つに分けられる．図中で影をつけたところは鉄が安定である電位と pH の領域を表しているが，その一つは非常に卑な電位領域のところであり，そこでは金属それ自体が安定な不活態（immunity）とよばれる状態にある．もう一つは $\mathrm{Fe_2O_3}$ や $\mathrm{Fe(OH)_2}$ で覆われている領域であり，このように化学的に安定な酸化皮膜などで覆われて金属の溶出がほとんど起こらない状態は不動態（passivity, passive state）とよばれる．一般に，不動態は金属の高級酸化物あるいは水酸化物からなる非常に緻密で 1～10 nm くらいの薄い層が形成されることによって生じる．アノード分極した際にそのような不動態皮膜が形成されて電流が急減する電位をフラーデ電位（Flade potential）という．不活態や不動態以外の Fe^{2+}，Fe^{3+}，$\mathrm{Fe(OH)_3}^-$ などが安定に存在する領域では鉄が腐食されることがわかる．これらの状態は電位や pH によっても変化する．

9.2 防　　食

腐食を引き起こす要因を取り除けば，腐食は防止されるはずである．それにはいろいろな方法が考えられる．たとえば，① 金属のおかれている環境を制御する，② 金属の電位を変化させて不活態あるいは不動態の領域に移行させる，③ 防食皮膜を形成させる，④ 腐食抑制剤（corrosion inhibitor）を添加する，⑤ 金属をほかの適当な金属と合金化させる，などである．以下では，これらの防食法について述べる．

9.2.1 環境制御による防食

通常の金属の腐食には水の存在が不可欠である．それゆえ，まず水分の除去が防食に効果的であり，乾燥剤の使用は有効である．次に，腐食のカソード還元反応に

H$^+$ あるいは溶存酸素が関与するので，これらの除去も防食にはきわめて効果的である．そのためには，pH の制御が大切であり，pH 10 くらいが適当である．ボイラー水の pH 調整にはカセイソーダ（水酸化ナトリウム）やリン酸ナトリウムが用いられる．また，溶存酸素の除去には，水を減圧下で煮沸させて脱気したり，亜硫酸ナトリウムやヒドラジンなどの脱酸素剤を添加して化学的に脱酸素したりする方法がとられる．

9.2.2 電気防食

試料金属の電位を卑な方向に移行させて不活態の領域にするか，あるいは貴な方向に移行させて不動態が形成される条件下におけば，腐食を防ぐことができる．前者をカソード防食（cathodic protection）といい，後者をアノード防食（anodic protection）という．以下では，カソード防食の例をとりあげよう．

カソード防食法には図 9.6 に示すような 2 通りの方法がある．その一つは試料金属より卑な電位を示す金属，すなわちイオン化傾向の大きな金属を犠牲アノードとして使う方法であり，犠牲アノード法（sacrificial anode method）とよばれる．たとえば，鋼の防食には犠牲アノード（負極）として亜鉛，マグネシウム，アルミニウムなどが用いられる．このような組合せで，金属が電解質溶液にさらされると，電池が形成される．したがって，犠牲アノードの金属は電池反応により溶解して消耗するが，電池の正極となる被防食金属は侵されない．このような防食法は地下埋設管，船舶，港湾施設，熱交換器，ポンプなどに広く用いられている．また，防食しようとする船体などの構造物に直接密着させても同じであり，鋼板の表面に亜鉛

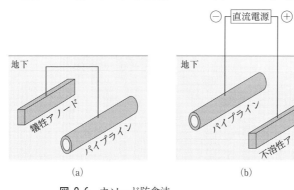

図 9.6 カソード防食法
　(a) 犠牲アノード法　(b) 強制通電法

をめっきしたトタンや自動車用鋼板もこの応用例である．もう一つは高 Si 鉄，黒鉛，鉛-銀合金などのような不溶性アノード（陽極）を用いて，外部直流電源から強制的に通電して電気分解する方法であり，強制通電法 (impressed current method) とよばれる．この場合には，電気分解が目的ではないので，大きな電流を流す必要はなく，金属の腐食速度に打ち勝つだけの電流でよい．カソード（陰極）である被防食金属では微量ながら水素発生あるいは酸素還元が起こり，アノード（陽極）では酸素発生が起こる．この方法は地下埋設管，建築物の鋼抗，鉄塔など地下水層を利用して大規模に用いられるほか，岸壁，桟橋，ブイなどの港湾施設にも広く用いられる．

9.2.3 表面被覆による防食

表面被覆は，一般に，腐食環境を遮断する能力を利用する防食法であり，表 9.1 に示すように，被覆の種類によって四つに大別される．防食対象物を被覆することによって水や空気との接触を断つと腐食を抑制できるが，よく用いられる被覆材料

表 9.1　表面被覆の分類と用途

被覆の種類	代表例	用途例
金属被覆	鋼管，薄鋼板，構造物部材などへの亜鉛の溶融めっき，電気めっきあるいは溶射	給水管，ガス管，自動車車体，家電製品，建材，ガードレール
	薄鋼板へのスズの電気めっき	飲料缶，食缶，雑缶
	部品へのクロムの拡散浸透	ジェットエンジン，ガスタービン，特殊配管
	厚板，化学装置部材などへのステンレス鋼の合わせ圧延，オーバレイ	化学装置
化学処理	アルミニウム板のアノード酸化による酸化皮膜形成	建材，厨房器具
	鋼板，亜鉛めっきなどのリン酸塩処理による皮膜形成	塗装下地
無機被覆	槽，器具などへのほうろうやガラスライニングの融着	浴槽，家電製品，食品工業，化学工業
	鋼管内面，構造物などへのセメントの遠心塗装，スプレー	送水管，海水管，護岸，海洋構造物
有機被覆	鋼製品への塗料の刷毛塗り，スプレー，静電塗装，電着塗装	建築物，鉄塔，船舶，車両
	化学装置へのゴムライニングのへら塗り，こて塗り，貼合せ	化学工業
	鋼管，化学装置などへのプラスチックライニングの押し出し被覆，粉体塗装，スプレー，刷毛塗り，こて塗り	埋設管（外面），給水管（内面），化学工業

には金属，ガラス，塗料，プラスチックなどがある．金属以外はたんに水や空気との接触を妨げるだけでなく，局部電池の形成における大きな抵抗としての働きもある．金属の被覆による防食では，とくに下地金属より貴な電位を示す金属すなわちイオン化傾向の小さい金属で被覆する場合には，ピンホールや傷に注意する必要がある．たとえば，鋼板にスズめっきしたブリキ板では，ピンホールや傷があると下地の鉄鋼が局部アノードとなる局部電池が形成されるため，鉄鋼の腐食はスズがない場合よりかえって増大する．逆に，先に述べた鋼板に亜鉛めっきしたトタン板のように，卑な電位をもつ金属すなわちイオン化傾向の大きい金属を被覆する場合には，被覆金属が局部アノードとなる局部電池が形成されて被覆金属が優先的に溶解し，下地金属はカソード防食されるため，ピンホールはほとんど問題にならない．

9.2.4　腐食抑制剤の添加による防食

　腐食環境に微量添加することによって腐食速度を低下させる物質のことを腐食抑制剤（corrosion inhibitor）という．表 9.2 に示すように，腐食抑制剤は作用機構により三つに大別できる．① 吸着皮膜形成型の腐食抑制剤は金属表面に物理的あるいは化学的に吸着し，その吸着皮膜層が金属を腐食環境から遮断するものである．その多くは金属表面に吸着しやすい N, O, S などを含む化合物と，腐食物質の金属との接触を妨げる炭化水素基からなる有機物である．② 沈殿皮膜形成型の腐食抑制剤は金属表面に数十〜100 nm にも達する厚い不溶性の沈殿皮膜を形成するものである．その皮膜は緻密で電気抵抗が大きくなければならない．たとえば，ポリリン酸塩やポリケイ酸塩などは腐食生成物や環境中の Ca^{2+}, Mg^{2+} などとの

表 9.2　腐食抑制剤の分類と用途

作用機構	代表例	用途例
吸着皮膜形成	アミン類，アミド類，アルコール類，アルデヒド類，スルホン酸類，脂肪酸類，チオアミド類，ニトリル類，メルカプタン類，スルフィド類，スルホキシド類，スルホン酸類などの有機腐食抑制剤	酸洗い，原油パイプラインなどのような主に酸性の環境（一般に中性の水には溶けにくいため有効でない）
沈殿皮膜形成	ポリリン酸塩，ポリケイ酸塩，有機リン酸塩，ホスホン酸塩	循環冷却水などの淡水（適量の Ca^{2+}, Mg^{2+}, Zn^{2+} の共存によって有効度が増す）
不動態皮膜形成	クロム酸塩，亜硝酸塩，モリブデン酸塩*，タングステン酸塩*	循環冷却水などの淡水（*印は溶存酸素を必要とする）

間で不溶性の沈殿皮膜を形成して，腐食を抑制する．③ 不動態皮膜形成型の腐食抑制剤は金属表面を酸化して緻密な不動態皮膜を形成することによって腐食を抑制するものである．酸化力をもつクロム酸塩や亜硝酸塩がその例である．

9.2.5 合金化による防食

　金属をほかの適当な金属と合金化することによっても耐食性が向上する．こうして耐食合金（corrosion resistant alloy）をつくるには次の二つの方法がある．一つは腐食生成物を安定なものにして表面を不動態化しようとするものである．鉄にクロムを添加すると，非常に不動態化しやすくなる．ステンレス鋼は鉄に 10.5% 以上の Cr を加え，さらに Ni，Mo，Ti，Nb などを添加した合金である．もう一つは腐食反応のカソード反応あるいはアノード反応を抑制するように合金化するものである．カソード反応を抑制するには，カソード反応の過電圧が大きくなるような金属を添加する．鋼への As，Sb，Bi の添加はこの例である．

演 習 問 題

9.1　金属の防食が重要なのはなぜか．その理由を列挙しなさい．
9.2　鉄を例にとって，金属の腐食現象を電気化学的局部電池機構で説明しなさい．
9.3　金属の腐食電位と電極の平衡電位とは物理的意味が異なる．その違いについて述べなさい．
9.4　鉄を例にとって，金属の電位-pH 図（プールベイ図）を説明しなさい．さらに，その図と金属の防食の関係について述べなさい．
9.5　25℃ での Zn-H_2O 系の電位-pH 図を作成したい．25℃ の水溶液中で存在できる亜鉛の状態は，強アルカリ水溶液中で存在する ZnO_2^{2-} を除けば，Zn，Zn^{2+}，$Zn(OH)_2$ であり，これらの化学種間には次のような平衡関係が成り立つ．
　　（1）　$Zn^{2+} + 2e^- = Zn$　　　$E°(Zn^{2+}/Zn) = -0.763$ V $vs.$ SHE
　　（2）　$Zn^{2+} + 2H_2O = Zn(OH)_2 + 2H^+$　　$K = a_{Zn(OH)_2} a_{H^+}^2 / a_{Zn^{2+}} = 10^{-10.96}$
　　（3）　$Zn(OH)_2 + 2H^+ + 2e^- = Zn + 2H_2O$
　　　　　$E°(Zn(OH)_2/Zn) = -0.440$ V $vs.$ SHE
これらのデータを用いて，電位-pH 図の作成に必要な関係式を誘導しなさい．ただし，$a_{Zn^{2+}} = 10^{-6}$ とする．
9.6　ある腐食環境で鉄の腐食電流密度（$i_{corr} = I_{corr}/A$，A：表面積）が 1.00 μA cm^{-2} と見積もられた．鉄が $Fe \rightarrow Fe^{2+} + 2e^-$ で腐食溶出すると仮定すると，この環境では 1.00 m^2 の鉄板から鉄は 1 年間にどれくらい溶出すると予想されるか．
9.7　防食法を列挙し，それぞれについて簡単に説明しなさい．
9.8　カソード防食について述べなさい．

第10章 光と半導体がかかわる電気化学

　光がかかわる電気化学（光電気化学（photoelectrochemistry）という）では，金属電極に代わって半導体電極（semiconductor electrode）が重要な役割を果たす．半導体電極ではキャリヤー（carrier）の数がきわめて少ないので，電極と電解質溶液の界面の構造が金属電極とは非常に異なる．また，n型半導体（n-type semiconductor）とp型半導体（p-type semiconductor）では，電気化学特性や光照射（photo-irradiation, light irradiation）の効果も異なる．本章では，半導体電極と電解質溶液の界面の構造やそこに光を照射したときの効果を中心に述べる．

10.1　半導体の電気伝導

10.1.1　バンド構造と真性半導体

　原子が結合して分子をつくりバンド（band）を形成するようすを図10.1に示す．ただし，簡単のため，この図には電子が入っているもっともエネルギーの高い軌道（最高被占軌道（highest occupied molecular orbital, HOMO）という）とそのすぐ上の空の軌道（最低空軌道（lowest unoccupied molecular orbital, LUMO）という）だけを示してある．原子や分子が孤立して存在する場合，それらの電子はパウリの排他原理（Pauli exclusion principle）[*1]に従い，スピンが逆の電子対となって原子軌道や分子軌道でもっとも低いエネルギー準位（energy level）から順につまっていく．原子の数が増えると，分子軌道の数はそれに応じて多くなり，それぞれの分子軌道のエネルギー準位の差は小さくなる．その結果，あるエネルギー幅の中に連続的にエネルギー準位が存在するような状態になる．これがエネルギー

[*1] 二つ以上の電子が同一の量子状態を占めることはできないという原理で，スピン量子数が異なる（反対向きのスピンをもつ）電子については二つまで同一の軌道を占有することが可能である．

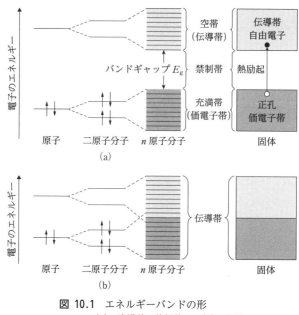

図 10.1 エネルギーバンドの形
(a) 半導体，絶縁体　(b) 金属

バンド（energy band）である．

　電子で満たされた最高被占軌道が形成するバンドを価電子帯（valence band），電子が存在しない最低空軌道が形成するバンドを伝導帯（conduction band）といい，これらの間の軌道が存在しないエネルギー領域を禁制帯（forbidden band）という．禁制帯の幅をバンドギャップ（band gap）あるいはエネルギーギャップ（energy gap）とよび，E_g で表す（図10.1(a)）．絶縁体の E_g は非常に大きく，半導体の E_g は絶縁体より小さい．E_g が小さいほど価電子帯の電子が伝導帯まで励起されやすい．キャリヤーは，価電子帯から伝導帯まで熱励起された電子と価電子帯に生じた同数の正孔（positive hole）であって，不純物や格子欠陥の導入によるキャリヤー濃度の変化が無視できる高純度の半導体を真性半導体（intrinsic semiconductor）という．

10.1.2 自由電子と正孔

　結晶に電場を加えると電子はエネルギーを得て結晶内を移動することになるが，バンドがまったく空のときや電子で完全に満たされているときには，キャリヤーが

存在しないので結晶は電気伝導性を示さない．空の伝導帯に電子が入ると，その電子は固体全体を自由に動くことができるので，キャリヤーとなる．そのような電子は自由電子（free electron）とよばれる．

金属では，電子の入っているもっとも高いエネルギーのバンドは電子が部分的にしかつまっていないので，電子は自由に動くことができ，固体は高い電気伝導性を示す．それに対して，真性半導体や絶縁体では，絶対零度においてバンドはすべて電子で満たされた充満帯と電子の存在しない空帯だけである．言い換えれば，価電子帯はちょうど電子で満たされ，伝導帯は空であるので，キャリヤーは存在せず，これらの固体は電気伝導性を示さない．しかし，E_g が比較的小さい真性半導体では，温度を上昇させると価電子帯にある電子は伝導帯に熱励起されて自由電子となり，同時に，価電子帯には電子が抜けた孔すなわち正孔が生じる．自由電子も正孔もキャリヤーとなるので電気伝導性を示すようになる．

10.1.3 不純物半導体

真性半導体の場合でも，バンドギャップの間にエネルギー準位をもつような不純物原子を微量添加する（ドーピング（doping）という）ことにより，電気伝導率を増大させることができる．このようにキャリヤーの供給源として不純物を添加した半導体は不純物半導体（impurity semiconductor）とよばれ，n 型半導体と p 型半導体の 2 種類に分けられる．室温における不純物半導体のエネルギー図を図 10.2 に示す．

n 型半導体はバンドギャップ中の伝導帯に近いところに電子のつまったエネルギー準位を有する電子供与性不純物（ドナー（donor）という）を添加したものであり，その電子は小さな熱エネルギーで伝導帯に励起されて自由電子となる．このようにキャリヤーが負（negative）の電荷を有する電子であるので n 型という．n 型半導体は，たとえば四価の価電子をもった Si や Ge 中に五価の価電子をもつ P，As，Sb のような元素を微量添加すると得られる．

他方，p 型半導体はバンドギャップ中の価電子帯に近いところに空の電子準位を有する電子受容性不純物（アクセプター（acceptor）という）を添加したものであり，価電子帯の電子が小さなエネルギーでその空の電子準位へ上げられ，価電子帯にできた正孔がキャリヤーとなる．このようにキャリヤーが正（positive）の電荷を有する正孔であるので p 型という．p 型半導体は，たとえば四価の価電子をもっ

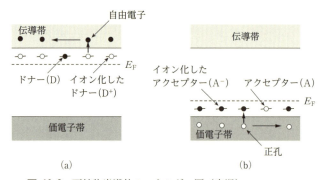

図 10.2 不純物半導体のエネルギー図（室温）
(a) n 型半導体　(b) p 型半導体
E_F：フェルミ準位．上向きの矢印（↑）は熱励起を示す．

た Si や Ge 中に三価の価電子をもつ B, Al, Ga, In のような元素を微量添加すると得られる．

10.2 半導体のフェルミ準位と接合

10.2.1 フェルミ準位

金属電極の電位は，価電子帯中にある電子のうちでもっとも高いエネルギーの電子と関係している．絶対零度にある金属の伝導帯は，パウリの排他原理に従って，低いエネルギー準位から電子で満たされていく．こうして電子の入ったエネルギー準位のうちでもっとも高いエネルギー準位はフェルミ準位（Fermi level）とよばれ，E_F で示される．室温における金属，真性半導体，不純物半導体の E_F を図 10.3 に

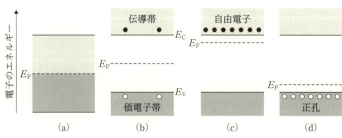

図 10.3 金属と半導体のフェルミ準位（室温）
(a) 金属　(b) 真性半導体　(c) n 型半導体　(d) p 型半導体

示す．

10.2.2　半導体と金属の接合

半導体と金属を接合させると，両者の間で電荷の授受が起こり，半導体の表面に空間電荷層（space-charge layer）とよばれる電荷分布の偏った層が生じる．n 型半導体と，これより大きな仕事関数（work function）をもつ金属を接合させたときのエネルギーバンドの曲がりを図 10.4 に示す．なお，仕事関数とは，金属や半導体の結晶表面からその外側（真空）へ 1 個の電子を取り出すのに必要な最小のエネルギーをいい，絶対零度では真空準位と E_F とのエネルギー差に等しい．

図 10.4(a) の場合，伝導帯の下端のすぐ下に位置している n 型半導体の E_F は金属の E_F に比べて高く，負電位側に位置している．したがって，両者を接合させると，半導体から金属側へ電子が流れ込み，この電子の流れは両者の E_F が等しくなるまで続く．その結果，半導体側は正に帯電し，金属側は負に帯電する．半導体のドナー濃度は低いので，金属の表面に生じる負電荷と均衡するためには，半導体内部のかなり深いところまで正電荷をもった空間電荷層が形成される．そのため，図 10.4(b) に示すようなバンドの曲がりが生じる．これによって生じた電荷移動に対する障壁をショットキー障壁（Schottky barrier, 図 10.4(b) の ΔV）といい，このような障壁を生じさせる半導体と金属の接合をショットキー接合

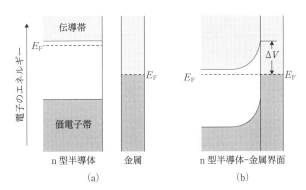

図 10.4　n 型半導体と金属の接合およびショットキー障壁の形成
  (a) 接合前　(b) 接合後
  図中の E の添字 s, b は半導体の表面と内部を表す．
  ΔV：ショットキー障壁．

(Schottky junction) という.

10.2.3 n型半導体とp型半導体の接合

n型半導体とp型半導体を接合させる前後のバンド構造，および接合部へ光照射したときのようすを図 10.5 に示す．

図 10.5(a) のように，n型半導体とp型半導体の室温での E_F は，それぞれ伝導帯の下端近くと価電子帯の上端近くにある．これらの半導体を接合させると，接触面の近傍では E_F が一致するようにエネルギー準位が変化して，図 10.5(b) のようにバンドが曲がる．この接触面を pn 接合（pn junction）部という．

適当な大きさのエネルギーをもつ光を pn 接合部に照射すると，そこで光吸収が起こり，価電子帯から伝導帯に電子が励起されることによって電子と正孔への電荷分離が起こる．これらの電子と正孔はそれぞれより安定なほうへ移動しようとす

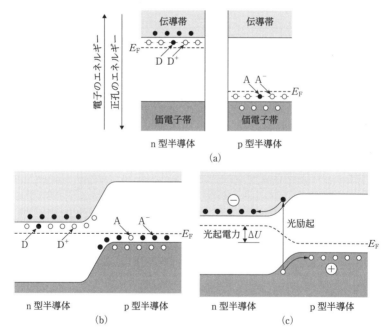

図 10.5 n型半導体とp型半導体の接合および光照射による起電力の発生
(a) 接合前 (b) 接合後 (c) 光照射下
D：ドナー, D^+：イオン化したドナー, A：アクセプター, A^-：イオン化したアクセプター.

る．ここで，縦軸に示したように，電子と正孔のエネルギーの高低が逆であることに注意されたい．すなわち，伝導帯に励起された電子はn型半導体側へ移動し，逆に価電子帯に生じた正孔はp型半導体側へ移動する．したがって，n型半導体側は電子過剰になり，p型半導体側は正孔過剰すなわち電子不足となる．その結果，図 10.5(c) に示すように，両極の間に電位差 ΔU が生じる．このように光照射下で発生する電位差を光起電力（photoelectromotive force）という．これは，n型半導体側が負極，p型半導体側が正極として働く電池が形成されたものとみなすことができる．この原理に基づく電池は光電池（photoelectric cell, photovoltaic cell）といい，シリコン太陽電池がもっとも代表的なものである．

10.3 半導体電極の分極と光照射

10.3.1 半導体電極と電解質溶液の界面の構造

いま，n型半導体電極がその E_F に比べて平衡電位 E_{redox} の低い酸化還元系を含む電解質溶液と接触する場合を考えてみよう．なお，溶液の E_F は，すでに学んだネルンスト式で表される平衡電位すなわち酸化還元電位 E_{redox} である．n型半導体電極と溶液の界面付近におけるエネルギーバンドの状態を図 10.6 に示す．

半導体電極と溶液が接触すると，伝導帯中に存在した電子の一部は低いエネルギー状態にある溶液中の酸化体に移動して，それを還元する．したがって，反応の

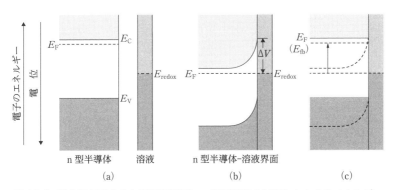

図 10.6 酸化還元系を含む電解質溶液にn型半導体を浸漬したときのエネルギーバンドの状態
(a) 接触前　(b) 接触後　(c) フラットバンド状態
E_{redox}：レドックス種の平衡電位（酸化還元電位），ΔV：ショットキー障壁．

進行につれて E_F は低下し，最終的に $E_F = E_\text{redox}$ で平衡に達する．その際，ドナーの濃度が溶液内の酸化還元系に比べて非常に小さいので，平衡に到達するには半導体のかなり内部のドナー電子まで反応に関与することになる．そのため，反応前にこれらの電子と対で存在した正孔は半導体結晶の格子点上に取り残されて，界面から内部に向かって分布することになる．こうして半導体内に生じた空間電荷層は，金属電極と電解質溶液の界面に生じる拡散二重層と本質的に同じであるが，逆の電荷分布である点に注目されたい．

バンド構造でみると，はじめに電解質溶液との接触によって図 10.6(b) のように引き下げられた n 型半導体の E_F が，後述するように，半導体電極をカソード分極することにより押し上げられ，それに伴って伝導帯や価電子帯も押し上げられて，半導体内部にわたって水平なバンド状態となる．このときの電極電位をフラットバンド電位（flat-band potential）といい，E_fb で示される．すなわち，フラットバンド電位において，半導体内部の空間電荷層は存在しなくなる．このようすは図 10.6(c) に示されている．

10.3.2 半導体電極の分極特性

電解質溶液中における半導体電極の分極は，金属電極の場合と非常に異なっている．金属電極の場合には分極すると電解質溶液側の電気二重層内で電位勾配が発生するのに対して，半導体電極の場合には先に述べたように電極側の表面に空間電荷層とよばれる電荷分布の偏った層が形成され，その層内で電位勾配が発生する．このように，電極/電解質溶液界面の分極状態が金属電極とは逆で，半導体電極ではその内側に深く電位勾配が生じた状態であり，外部から電場を加えると半導体内部の電位勾配が影響を受けやすい．半導体電極を分極したときの空間電荷層におけるエネルギーバンドの変化を図 10.7 に示す．この図のように，n 型半導体電極のエネルギーバンドはフラットバンド電位からアノード分極すると上向きに曲がり，カソード分極すると下向きに曲がる．

酸化還元系を含む溶液における半導体電極の典型的な電流–電位曲線を図 10.8 に示す．n 型半導体電極の場合を考えると，酸化還元系を含む溶液中に電極を浸漬したときには先の図 10.6(b) のようなエネルギーバンドの状態になっている．その電極をカソード分極してバンドの位置を高くする（図 10.7(c) 参照）と，自由電子は半導体内部から表面へ集まり，溶液中の酸化還元系に移って，酸化体を還元す

10.3 半導体電極の分極と光照射　133

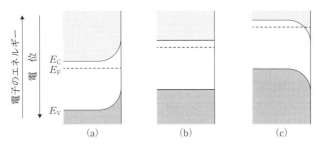

図 10.7 n 型半導体電極を分極したときのエネルギーバンドの状態
(a) アノード分極　(b) フラットバンド状態　(c) カソード分極

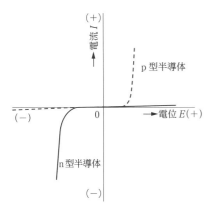

図 10.8 酸化還元系を含む溶液における半導体電極の典型的な電流-電位曲線

るようになる．それとは逆に，図 10.7(b) の状態からアノード分極してバンドの位置を低くする（図 10.7(a) 参照）と，多数キャリヤーである自由電子は内部へ移行する．n 型半導体に存在する正孔（少数キャリヤー）は電極表面に集まるが，その数はきわめて少ないので，溶液中の還元体を酸化することはほとんどない．そのため，図 10.8 に示すように，n 型半導体電極ではカソード還元電流はよく流れるが，アノード酸化電流はほとんど流れない．このように，n 型半導体電極では，アノード分極したときに電極表面に障壁層（ショットキー障壁）ができるため，電荷移動が起こりにくくなり，電流-電位曲線に整流性が現れる．なお，p 型半導体電極では，カソード分極したときにそのような障壁層ならびに整流性が現れる．

10.3.3　光照射の効果

半導体電極の表面に障壁層が生じた状態で，電極表面に光を照射すると，n 型半

導体電極ではアノード光電流（anodic photocurrent）が流れ，p型半導体電極ではカソード光電流（cathodic photocurrent）が流れる．光電流の大きさは照射する光強度に比例する．ただし，照射する光は，価電子帯の電子を伝導帯へ励起するのに必要な，半導体の E_g よりも大きいエネルギーをもつものでなければならない．

ところで，光のエネルギー E (J) はプランク定数（Planck constant）h（$= 6.626 \times 10^{-34}$ J s）と光の振動数 ν (s^{-1}) の積で表され，ν は光の速度 c（$= 2.9998 \times 10^{-8}$ m s^{-1}）を波長 λ (m) で割ったものであるから，

$$E = h\nu = hc/\lambda \tag{10.1}$$

で与えられる．ここで，1 eV のエネルギーは 1.602×10^{-19} J であるから，たとえば，n型 TiO_2 電極は，3.0 eV のバンドギャップ E_g をもつので，約 410 nm より短波長の光に応答することとなる．

光電流が流れ始める電位はフラットバンド電位 E_{fb} であり，これは電極と溶液の組成によって異なる．n型 TiO_2 電極における水の酸化による酸素発生反応の電流-電位曲線を図 10.9 に示す．この電極の E_{fb} は pH 4.7 で -0.5 V $vs.$ SCE であり，溶液の pH 変化につれて約 -60 mV/pH の割合で変化する．pH 4.7 の 0.5 mol dm^{-3} KCl 水溶液中での水からの酸素発生の理論電極電位すなわち熱力学的な平衡電位は 0.71 V $vs.$ SCE である．実際の白金電極では酸素過電圧が大きいために 1.1 V $vs.$ SCE 以上で酸素発生が起こるのに対し，図 10.9 に示した n 型 TiO_2 電極では -0.5 V $vs.$ SCE 付近から酸素発生反応が起こっている．このように，金属電極では熱力学的な平衡電位より正の電位でなければ酸化反応は起こらないが，n型半導体電極に光を照射すると，それよりも負の電位で酸化反応が起こ

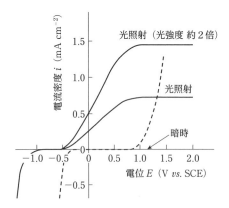

図 10.9　n型 TiO_2 電極の電流-電位曲線
pH 4.7, 0.5 mol dm^{-3} KCl 水溶液．破線は金属電極の電流-電位曲線の例を示す．

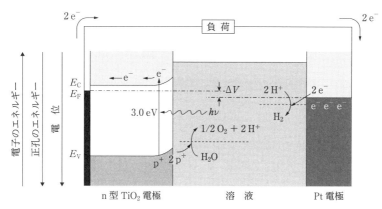

図 10.10　n 型 TiO_2 電極に光照射したときの反応（水の光分解）とエネルギーの関係

る．同様に，p 型半導体電極に光を照射すると，熱力学的な平衡電位より正の電位で還元反応が起こる．これらをそれぞれ光増感電解酸化（photosensitized electrolytic oxidation, photoassisted electrooxidation），光増感電解還元（photosensitized electrolytic reduction, photoassisted electroreduction）という．このような作用は少数キャリヤーが関与する電極反応で現れる．

図 10.9 と同じ溶液中での反応とエネルギーの関係を図 10.10 に示す．n 型 TiO_2 電極が光吸収すると，価電子帯の電子が伝導帯に励起され，価電子帯には正孔が発生する．こうして，半導体には，高いエネルギー準位に上げられた電子によって還元力が与えられ，逆に正孔によって酸化力が与えられる．n 型 TiO_2 中の電場により正孔は溶液との界面に移動し，水を酸化する．他方，電子はリード線（外部回路）を通り，Pt 電極上で水を還元する．なお，半導体電極の種類によっては，光照射下で電極の溶解反応が起こることもある．

10.4　半導体電極を用いた光電池

半導体電極の光増感電解反応を利用して，電気化学光電池（electrochemical photovoltaic cell）を組むことができる．先の図 10.10 を用いて，その原理を簡単に説明しておこう．

この電池は n 型 TiO_2 電極を Pt 電極と組み合わせて n 型 TiO_2 電極の表面に約

410 nm より短波長の光を照射するものであり，電池構成は n 型 TiO_2 | H_2SO_4 水溶液 | Pt で表される．n 型 TiO_2 電極に光照射すると，外部回路に電流が流れて水が分解され，n 型 TiO_2 電極から酸素が発生し，Pt 電極から水素が発生する[*2]．通常の水の電気分解では熱力学で計算した理論分解電圧 1.23 V 以上の電圧を加えなければならないが，電気化学光電池では，光エネルギーで水の分解が起こり，かつ n 型 TiO_2 のバンドギャップ（3.0 eV）との差（1.77 V）のうちの一部が光起電力として取り出される．電池反応は次のようになる．

$$e^-p^+ \text{（n 型 } TiO_2 \text{ 電極）} \xrightarrow{h\nu} e^- \text{（伝導帯）} + p^+ \text{（価電子帯）} \quad (10.2)$$

負極反応： $H_2O + 2p^+ \longrightarrow 1/2\,O_2 + 2H^+$ （n 型 TiO_2 電極）　(10.3)

正極反応： $2H^+ + 2e^- \longrightarrow H_2$ 　　　　　（Pt 電極）　(10.4)

電池反応： $H_2O \xrightarrow{2h\nu} 1/2\,O_2 + H_2$ 　　　　　　　　　　　　(10.5)

このように，n 型 TiO_2 電極を用いる電気化学光電池では，電気エネルギーが取り出されるとともに，クリーンエネルギーとして注目される水素も同時に得ることができる．TiO_2 のほかに，$SrTiO_3$[*3] や Fe_2O_3 も用いられる．なお，p 型半導体を用いると，n 型半導体の場合とは逆に，還元反応で光照射の効果が現れる．

10.5　色素増感と色素増感太陽電池

先に述べたように，半導体はその E_g よりもエネルギーの大きい光を吸収するとキャリヤーが増加するが，E_g よりエネルギーの小さい長波長の光は吸収できない．しかし，色素を半導体表面に吸着させ，色素が吸収できる光を照射すると，半導体のキャリヤーが増加する場合がある．このように，色素の存在によって半導体電極に固有の吸収光より長波長の光にも感応できるようになるが，これは色素増感（dye sensitization）とよばれ，カラー写真やカラーフィルムの原理でもある．たとえば，図 10.11 に示すように，n 型 TiO_2 とほぼ同じバンド位置を示す n 型 ZnO では，吸収される光も 400 nm 以下の領域であるが，鮮紅色の塩基性染料であるローダミン B を加えると光の吸収領域は約 700 nm まで拡張される．

この現象は次のように説明される．すなわち，n 型半導体の場合，図 10.12(a)

[*2]　これは本多-藤嶋効果（Honda-Fujishima effect）とよばれる．
[*3]　チタン酸ストロンチウムといい，そのバンドギャップ E_g は 3.2 eV である．

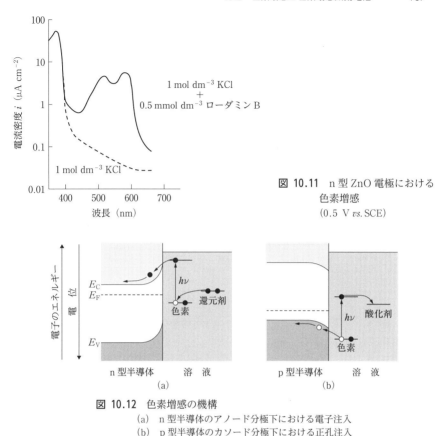

図 10.11 n 型 ZnO 電極における色素増感
(0.5 V vs. SCE)

図 10.12 色素増感の機構
(a) n 型半導体のアノード分極下における電子注入
(b) p 型半導体のカソード分極下における正孔注入

に示すように，電極に吸着した色素が光を吸収して励起状態となり，励起色素から半導体への電子の注入が起こる．ただし，そのためには，色素の励起状態における電子のエネルギー準位が半導体の伝導帯の下端より高くなければならない．注入された電子は空間電荷層内の電位勾配に沿って内部へ移動していく．他方，電子を失った色素は，溶液中に適当な還元剤[*4]があるときには還元剤から電子をもらい，もとの状態へ戻る．その還元剤は酸化され，対極で電子を得てもとへ戻るものであれば，これが溶液中でのキャリヤーとなる．p 型半導体の場合（図 10.12(b)）には，これとは逆に，励起色素の空いた軌道へ半導体の価電子帯から電子が移り，正

[*4] 正孔捕捉剤 (hole scavenger) ともいう．

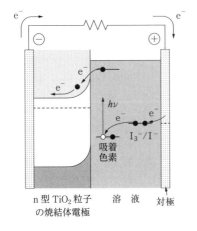

図 10.13 色素増感太陽電池の構成と作動原理

孔が価電子帯に注入されると考えればよい.

ここで，色素増感を利用して高いエネルギー変換効率を実現する色素増感太陽電池（dye-sensitized solar cell）[*5]について触れておこう．電池構成と作動原理を図10.13に示す．負極には多孔質 TiO_2 膜[*6]で被覆し，ルテニウム錯体[*7]のような有機色素を吸着させた導電性ガラス，正極には白金または黒鉛で被覆した導電性ガラス，電解質溶液には酸化還元対としての三ヨウ化物イオン（I_3^-）／ヨウ化物イオン（I^-）の混合溶液をそれぞれ用いる．エネルギー変換プロセスは次の通りである．すなわち，① TiO_2 電極表面に吸着した色素が可視光を吸収し，色素分子の励起によって生成した電子が TiO_2 の伝導帯に注入される．② 色素の基底準位にできた電子の抜け穴すなわち正孔に電解質溶液中の I^- が電子を渡し，I_3^- に酸化される（$3I^- \rightarrow I_3^- + 2e^-$ あるいは $3I^- + 2p^+ \rightarrow I_3^-$）．③ 対極で I_3^- が電子を受け取って I^- が再生される．このような一連の酸化還元反応サイクルによって色素と酸化還元対に実質的な変化は起こらない．この電池は，可視光のほぼ全域を高い効率で利用でき，材料が安価であることや製造に大掛かりな設備を必要としないことから，シリコン系太陽電池に比べて低コストの太陽電池として期待されている．

[*5] これは新型の湿式太陽電池であり，グレッツェル電池（Grätzel cell）ともよばれる．
[*6] 導電性ガラス上に n 型 TiO_2 粒子のペーストを塗布し，電気炉で焼結したもの．
[*7] たとえば，ルテニウムビピリジル錯体の誘導体（cis-di(thiocyanato)-N,N'-bis(2,2'-bipyridyl-4-carboxylate-4'-tetrabutylammonium carboxylate) ruthenium(II)）が用いられる．

演 習 問 題

10.1 金属と半導体のフェルミ準位について述べなさい．
10.2 半導体電極のフラットバンド電位について述べなさい．
10.3 フラットバンド電位の測定法について，図書やインターネットで調査し，レポートにまとめなさい．
10.4 ある電解質溶液に浸された n 型半導体のバンドギャップは 2.50 eV であり，フラットバンド電位は -0.30 V *vs.* SCE である．
　（1）この半導体の電位を $+0.50$ V *vs.* SCE に分極すると半導体のバンドは曲がるが，このとき半導体内部を基準にして表面側はどちらへどれだけ曲がるか説明しなさい．
　（2）この半導体で伝導帯とフェルミ準位の間のエネルギー差が 0.1 eV あるとすれば，フラットバンド状態下で，伝導帯下端および価電子帯上端における電位（電子のエネルギー）は SCE 基準でいくらになるか計算しなさい．
10.5 n 型 ZnO 電極，n 型 TiO_2 電極，n 型（p 型）GaP 電極のバンドギャップはそれぞれ 3.20 eV，3.00 eV，2.30 eV である．これらが応答する光の波長を計算しなさい．
10.6 電気化学光電池の作動原理を説明しなさい．
10.7 半導体粉末光触媒と電気化学光電池の関係について，図書やインターネットで調査し，レポートにまとめなさい．
10.8 色素増感と色素増感太陽電池の原理を説明しなさい．

第11章 生体物質の機能と電気化学

　電気化学の中で生体物質[*1]の機能に関連した領域を取り扱う学問を生物電気化学（bioelectrochemistry）という．電気化学の起源は，18世紀末にイタリアのガルバニ（Galvani）が電気刺激によってカエルの脚がけいれんする現象を見出したことにあるといわれるように，電気化学はその始まりから生物と深い関係がある．生体内で起こる多くの反応は，本質的には，酵素（enzyme）が触媒として働く電気化学反応であると考えられ，その説明には酸化還元電位（oxidation-reduction potential）が役に立つ．本章では，電気化学の生物へのかかわりについて述べる．

11.1 細胞膜電位と神経興奮伝導

　高等な動物には，神経系（nervous system）という優れた情報伝達システムが備わっている．神経系はニューロン（neuron）とよばれる神経細胞（nerve cell）がつながってできている．ニューロンは，図11.1に示すように，核のある神経細胞体と，それから出るいくつかの短い樹状突起，および長く伸びる神経突起（軸

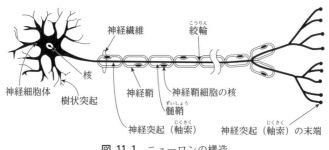

図 11.1　ニューロンの構造

[*1] 生物の体内に存在する化学物質の総称．

索）からなっている．ニューロン内の神経突起の末端は隣りのニューロンに接しており，この接続部はシナプス（synapse）とよばれる．ここでは，神経突起の末端に含まれるシナプス小胞からアセチルコリンやノルアドレナリンなどの神経伝達物質（neurotransmitter）が放出され，隣接するニューロンの樹状突起や神経細胞体あるいは作働体に受け入れられることによって興奮が伝達される．神経伝達物質は細胞膜に興奮を伝えた後，そこにある酵素によってただちに分解される．こうして，シナプスには，興奮を一方向にだけ伝達するしくみがある．

ニューロン内の興奮の伝導が細胞に発生した活動電位（action potential）とよばれる電気信号によるものであることは，細胞膜内外の電位変化の測定結果から明らかにされている．細胞の中に挿入する電位測定用電極には，通常，ガラスキャピラリーでつくった先端が非常に細い小さな銀・塩化銀電極が用いられる．直径0.4～1 mm，長さ4～8 cm くらいの比較的太くて長いヤリイカの巨大な神経細胞を使った実験によると，図11.2に示すように，興奮していない状態すなわち静止状態（resting state）では細胞膜の内側の電位（静止電位（resting potential）という）は外側の体液に比べて60～80 mV 程度低い．ところが，何らかの刺激を受けて神経が興奮すると，細胞膜の内外の電位が逆転して，内側の電位は外側より40～60 mV 程度高くなり，1 ms くらいの後またもとに戻る．その電位変化の大きさは刺激が強くても弱くても同じであるが，刺激が強いと電位変化が頻繁に起こる．

このような現象はドナン膜電位（Donnan membrane potential）によって説明される．この膜電位 U_m は組成の異なる電解質溶液が膜を隔てて接触し，両液のイ

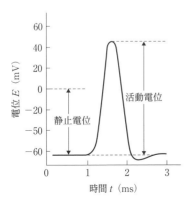

図 11.2　刺激に伴う細胞膜電位の変化

オンが交換平衡に達したときに現れる電位差であり，もし K^+ だけが膜を透過できると仮定すると，次のようなネルンスト式（Nernst equation）で与えられる*2.

$$U_m = (RT/F)\ln[K^+]_{out}/[K^+]_{in} \tag{11.1}$$

ただし，膜電位 U_m は細胞膜の外側を基準にした（0 V とした）内側の電位であり，$[K^+]_{out}$ と $[K^+]_{in}$ はそれぞれ細胞の外側と内側の K^+ の濃度である．ところで，ヤリイカの神経細胞の外側と内側における K^+ の濃度はそれぞれ 22 mmol dm^{-3}, 410 mmol dm^{-3} であり，Na^+ の濃度はそれぞれ 440 mmol dm^{-3}, 49 mmol dm^{-3} である．これらの値を式(11.1)にそれぞれ代入し，25°C での U_m を計算すると，K^+ については -75 mV, Na^+ については $+56$ mV となる．これらの値は，静止状態の $-60 \sim -80$ mV, 刺激を受けたときの $+40 \sim +60$ mV とほとんど一致している．このことは，静止状態では K^+ だけを通過させ，刺激を受けたときには Na^+ だけを通過させるように細胞膜の性質が変化することを示している．

以上のように，神経細胞の興奮は刺激による細胞膜のイオン透過性の変化によって起こり，活動電位という電気信号によって伝達される．その速度は一般に 1～100 m s^{-1} 程度である．

11.2 生体内酸化還元系

電子伝達系（electron transport system）とは，細胞内ミトコンドリア（mitochondria），葉緑体（chloroplast）などで，酸化還元反応が連鎖的に起こって電子の移動が行われる系をいう．とくに，呼吸鎖電子伝達系（respiratory chain electron transport system）と光合成電子伝達系（photosynthetic electron transport system）は，生命活動の維持に必要なエネルギーをつくり出す非常に重要なプロセスである．このような電子伝達反応（electron transport reaction）は酸化還元電位や局部電池機構に基づく電気化学的な観点から考察することができる．

---

*2 K^+ のほかに Na^+ と Cl^- も生体膜を透過できるとした次のゴールドマン-ホジキン-カッツ式（Goldman-Hodgkin-Katz equation）がより広く適用される．$U_m = (RT/F)\ln(P_K[K^+]_{out} + P_{Na}[Na^+]_{out} + P_{Cl}[Cl^-]_{in})/(P_K[K^+]_{in} + P_{Na}[Na^+]_{in} + P_{Cl}[Cl^-]_{out})$. ここで，$P_K$, P_{Na}, P_{Cl} はイオンの透過係数（permeability coefficient）とよばれ，それぞれのイオンの膜中での移動のしやすさに，膜への溶け込みやすさを加味した値である．

11.2.1 生体酸化還元電位

　酵素とは触媒の働きをもつタンパク質であると一般に定義されるが，タンパク質だけでできている酵素もあるし，アポ酵素（apoenzyme）とよばれるタンパク質の部分と補酵素（coenzyme）とよばれる比較的低分子の有機化合物とからできている酵素もある．生物の営む反応にはそれぞれに応じた酵素があり，それらの反応をその生体が生存できる穏和な条件下で円滑に行わせて，生命の維持に役立っている．生命の維持に必要なエネルギーの大半は基質（substrate）の酸化によって発生するエネルギーに依存している．

　生体内で起こる酸化は，基質から水素を奪ったり，基質と酸素を結合させたりする反応である．たとえば，次のように表される．

　　脱水素酵素（dehydrogenase）：　$AH_2 + NAD \longrightarrow A + NADH_2$　(11.2)
　　酸化酵素（oxidase）：　$AH_2 + 1/2\,O_2 \longrightarrow A + H_2O$　(11.3)

ここで，AH_2 は基質，A は酸化生成物，NAD は補酵素の一種であるニコチンアミドアデニンジヌクレオチド（nicotinamide adenine dinucleotide），$NADH_2$ は NAD の還元型を示す．

　このような酵素によって触媒される生体内酸化還元系の反応は，二つの反応が組み合わさって進行する．すなわちある点で式(11.4)の酸化反応が，別の点で式(11.5)の還元反応が進むと考えることができる．

$$AH_2 \longrightarrow A + 2H^+ + 2e^- \tag{11.4}$$
$$B + 2H^+ + 2e^- \longrightarrow BH_2 \tag{11.5}$$

したがって，全体の反応は次のようになる．

$$AH_2 + B \longrightarrow A + BH_2 \tag{11.6}$$

ここで，供与体 AH_2 は基質であり，A は酸化生成物である．また，受容体 B は好気的条件下では酸素，嫌気的条件下では主として有機化合物であり，BH_2 はその還元生成物である．この反応に伴って，電子は酸化反応が起こる点から還元反応が起こる点へ移動するというモデルが考えられる．

　酸化還元電位は，一般に第 3 章ですでに学んだ標準電極電位 $E°$ を用いたネルンスト式で表されるが，生体内の反応は通常 pH 7 付近で進むので，生体内物質の酸化還元電位としては $E°'$ で表される pH 7 における値がよく用いられる．主な生体物質の $E°'$ の値を表 11.1 に示す．

表 11.1 主な生体物質の酸化還元電位（pH 7, 30°C）

生体物質	酸化還元電位 $E^{\circ\prime}$ (V vs. SHE)	生体物質	酸化還元電位 $E^{\circ\prime}$ (V vs. SHE)
フェレドキシン(Fe^{3+}/Fe^{2+})	-0.43	デヒドロアスコルビン酸／アスコルビン酸	0.06
H^+/H_2	-0.42	グルコースオキシダーゼ	0.08
$NAD/NADH_2$	-0.32	ユビキノン／ユビヒドロキノン	0.10
ペルオキシダーゼ（ワサビ）	-0.27	ヘモグロビン／メトヘモグロビン（ウマ）	0.14
$FAD/FADH_2$	-0.22	ヘモグロビン／メトヘモグロビン（ヒト）	0.15
$FMN/FMNH_2$	-0.22	シトクロム c_1 (Fe^{3+}/Fe^{2+})	0.22
ピルビン酸／乳酸	-0.19	シトクロム c (Fe^{3+}/Fe^{2+})	0.25
アセトアルデヒド／エタノール	-0.16	シトクロム a (Fe^{3+}/Fe^{2+})	0.29
シュウ酸／リンゴ酸	-0.10	O_2/H_2O	0.82
シトクロム b (Fe^{3+}/Fe^{2+})	-0.07		
コハク酸／フマル酸	0.03		
グルタチオン	0.04		

11.2.2 呼吸鎖電子伝達系

生物は生命活動に必要なエネルギーを得るために，グルコース（ブドウ糖）やグリコーゲンのような呼吸基質の酸化や分解を行っている．これは呼吸（respiration）とよばれ，多くの生物は酸素を用いる酸素呼吸によっている．呼吸基質が酵素の働きによって段階的に酸化分解されるとき遊離したエネルギーは，高エネルギー物質アデノシン三リン酸（adenosine triphosphate，ATP）に蓄えられる．

たとえば，グルコース $C_6H_{12}O_6$ が完全に酸化分解されると，二酸化炭素と水が生成してエネルギー（38 ATP）が遊離するが，この反応は次のように表される．

$$C_6H_{12}O_6 + 6\,O_2 + 6\,H_2O \longrightarrow 6\,CO_2 + 12\,H_2O + エネルギー \quad (11.7)$$
（グルコース）

この酸化分解過程は非常に複雑であるが，解糖系（glycolytic pathway），クエン酸回路（citric acid cycle）および電子伝達系の三つに分けられる[*3]．

これらのうち，クエン酸回路と電子伝達系の反応はミトコンドリア内で行われ，

[*3] これらは次のような反応式でまとめられる．

解糖系： $C_6H_{12}O_6 \longrightarrow 2\,C_3H_4O_3 + 4\,H + (2\,ATP)$ (i)
　　　　（グルコース）　　（ピルビン酸）

クエン酸回路： $2\,C_3H_4O_3 + 6\,H_2O \longrightarrow 6\,CO_2 + 20\,H + (2\,ATP)$ (ii)

電子伝達系： $24\,H + 6\,O_2 \longrightarrow 12\,H_2O + (34\,ATP)$ (iii)

外膜　内膜　クリステ　内膜粒子　マトリックス　　図 11.3　ミトコンドリアの構造

酸素を必要とする．ミトコンドリアの構造を図 11.3 に示す．クリステ（cristae）の膜面にはシトクロム（cytochrome）などの酵素が規則正しく配列し，クリステの間を埋める部分には脱水素酵素やカルボキシラーゼ（carboxylase）などの酵素が含まれている．

　解糖系とクエン酸回路で脱水素酵素によって呼吸基質から奪われた水素（24 H）は，補酵素 NAD などの水素受容体と結合して電子伝達系に運ばれる．その水素はクリステのところで H^+ と e^- に分かれ，e^- は電子伝達物質であるシトクロム系の酵素群によってつぎつぎと受けわたされ，最後に酸素まで伝達される．そこで，電子を受け取った酸素は，シトクロム酸化酵素の働きで，H^+ と結合して水になる．これらの間に ATP が合成されるが，呼吸基質のもつエネルギーで ATP の合成に利用されなかったものは熱となって発散する．この呼吸鎖電子伝達系で ATP が生成されるプロセスは，図 11.4 のように考えられており，酸化還元電位を用いて説明される．

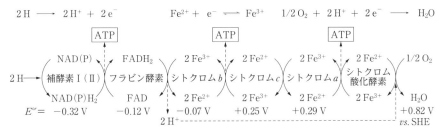

図 11.4　呼吸鎖電子伝達系における ATP 生成プロセス
　　　$E^{\circ\prime}$ は pH 7，30℃ での酸化還元電位を示す．
　　　NAD：ニコチンアミドアデニンジヌクレオチド，NADP：ニコチンアミドアデニンジヌクレオチドリン酸，NAD(P)：NAD・NADP の略，NAD(P)H_2：NAD(P) の還元体，FAD：フラビンアデニンジヌクレオチド，FADH_2：FAD の還元体．

11.2.3 光合成電子伝達系

生物は生命活動を行うために，いろいろな有機物を必要とする．多くの植物は外界から二酸化炭素，水，硝酸塩などの無機物を取り入れ，体内で同化して炭水化物やタンパク質などの有機物を合成している．葉緑素（chlorophyll）という色素をもつ緑色高等植物や藻類，光合成細菌などは，二酸化炭素と水からグルコースのような炭水化物を合成する（炭酸同化（carbon dioxide assimilation）という）ためのエネルギーとして，太陽光を利用することができる．この光合成の過程は非常に複雑であるが，全体として次のような反応式で表される．

$$6\,CO_2 + 12\,H_2O + 光エネルギー \longrightarrow \underset{グルコース}{C_6H_{12}O_6} + 6\,H_2O + 6\,O_2$$

(11.8)

光合成が行われる場所は，これらの細胞内にある葉緑体である．葉緑体は，図 11.5 に示すように，内部に多くのラメラ（lamella）とよばれる層状構造があり，いくつかの円板状のラメラが積み重なったグラナ（granum）とよばれる緑色の部分と，ラメラの間のストロマ（stroma）とよばれる液状で無色の部分とからできている．全体は包膜（indusium）とよばれる2層の膜で包まれている．ラメラにはクロロフィルやカロテノイドなどの光合成色素が多く含まれ，ストロマには光合成に関与する多くの酵素が含まれている．そこで，光を必要とする明反応は主にラメラで起こり，光を必要としない暗反応はストロマで起こる．

まず，ラメラで，光エネルギーが吸収され，そのエネルギーにより水が分解されて水素と酸素が生じる（$12\,H_2O \rightarrow 24\,H + 6\,O_2$）．生成した水素は水素受容体である補酵素 ニコチンアミドアデニンジヌクレオチドリン酸（nicotinamide-adenine dinucleotide phosphate, NADP）を還元して $NADPH_2$ をつくる（$24\,H\,+$

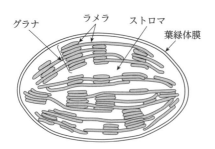

図 11.5 葉緑体の構造

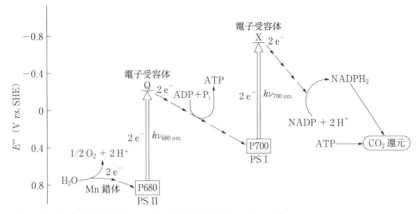

図 11.6 光合成初期過程における電子伝達系（Z スキーム）
Q, X：電子受容体, ADP：アデノシン二リン酸, ATP：アデノシン三リン酸, P_i：リン酸（H_3PO_4）．

$12\,NADP \rightarrow 12\,NADPH_2$)．また，吸収された光エネルギーの一部は，化学エネルギーである ATP の生成に使われる（$ADP + P_i \rightarrow ATP$）．ここで，ADP はアデノシン二リン酸（adenosine diphosphate），P_i はリン酸である．次に，ストロマで，それらの還元剤 $NADPH_2$ と高エネルギー物質 ATP を用いた複雑な循環反応過程（カルビン回路（Calvin cycle）という）により，二酸化炭素が還元されてグルコースなどの炭水化物に変えられる（$12\,NADPH_2 \rightarrow 24\,H + 12\,NADP$, $6\,CO_2 + 24\,H \rightarrow C_6H_{12}O_6 + 6\,H_2O$, $ATP \rightarrow ADP + P_i$）．

ラメラでの明反応は，完全には解明されていないが，図 11.6 に示すような Z スキーム（Z scheme）とよばれる連続した酸化還元系からなると推定されている．なお，図中の電子受容体 Q と X はそれぞれフェオフィチン，クロロフィル a ではないかといわれている．これらの反応でもっとも重要な働きをするのがクロロフィルであり，存在状態の違いで光の吸収極大波長が異なる二つのものすなわち 700 nm に吸収極大をもつ P700 と 680 nm に吸収極大をもつ P680 がある．いずれもクロロフィル a の二量体であるが，それぞれ PS I, PS II と名づけられたべつべつの粒子に含まれている．

上記のような光合成プロセスは，穏やかな反応条件でしかも非常に効率よく反応が進行するので興味深く，クロロフィルで表面を被覆した半導体電極を用いる電気化学的なシミュレーションなども試みられている．高効率人工光合成系を開発する

ことは，かなり難しいことだが，植物の光合成系を理解したり太陽エネルギーを有効利用したりする上で非常に有意義なことである．

11.3 生体計測

生体はさまざまな物質でつくられており，それらの分離，同定，定量などには，とくに臨床化学検査においてみられるように，種々の電気化学測定法が役立っている．本章でもすでに細胞膜電位の測定法などについて触れた．ここでは，生体物質の分離同定に使われる電気泳動法（electrophoresis method）[*4] と生体物質の定量に使われるバイオセンサー（biosensor）をとりあげる．

11.3.1 電気泳動法

電気泳動法（electrophoresis method）はタンパク質などの生体物質の分離同定にも広く応用されている．タンパク質は，構成単位であるアミノ酸がペプチド結合によって多数つながったものであり，アミノ基（$-NH_2$）やカルボキシ基（$-COOH$）などの解離性残基も多く含んでいる．そのために，タンパク質は両性電解質（amphoteric electrolyte）の性質を示し，溶液のpHにより全体として正に荷電したり負に荷電したりする．正負両電荷がつりあって全体としてタンパク質の表面電荷が0になるpHを等電点（isoelectric point）といい，タンパク質に固有な値である．溶液のpHが等電点にあるとき泳動速度は0であるが，等電点からずれるにつれてタンパク質の電荷量が増加し，泳動速度は増大する．泳動速度は個々のタンパク質の電荷量のほか，分子サイズなどによっても異なる．

タンパク質などの生体物質を分離同定する目的には，U字管状のセルを用いる移動界面電気泳動法（moving-boundary electrophoresis）よりもっと簡便なゾーン電気泳動法（zone electrophoresis）がよく用いられている．血清中のタンパク質の分離同定を例にとって，後者の原理を図11.7に示す．沪紙や酢酸セルロースシートのような支持体を電解質溶液で湿らせた状態にし，その中央にタンパク質を含む溶液を滴下する．そして，両端に直流の高電圧をかけると，血清中のタンパク

[*4] 電気泳動（electrophoresis）とは，液中に懸濁した細かい粒子やコロイドが電場の下で一方の極に向って移動する現象をいう．

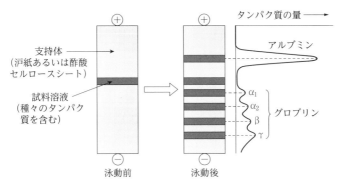

図 11.7 ゾーン電気泳動法による血清中のタンパク質の分離同定

質のうちで,負に帯電したアルブミンはプラス極のほうへ泳動し,正に帯電したグロブリン (α_1, α_2, β, γ) はマイナス極のほうへ泳動する.電源を切った後,タンパク質を色素で染色すると見やすくなる.さらに,吸収スペクトルや電気伝導率の測定法を利用すると,タンパク質の分離同定のほか定量も可能となる.

11.3.2 バイオセンサー

センサー(sensor)とは,外界の何らかの物理量あるいは化学量を電気信号に変換して検知するデバイスであると定義される.人の感覚器官をセンサーに例えれば,眼(視覚),耳(聴覚)および皮膚(触覚)は光,音,圧力,温度のような外界の物理的変化に応答する物理センサーであり,舌(味覚)や鼻(嗅覚)は味やにおいをもたらす化学物質に応答する化学センサーである.主な化学センサーには,溶液中の特定イオンに選択的に応答するイオンセンサー(ion sensor),H_2,CO_2,CH_4 などを選択的に検出するガスセンサー(gas sensor),生体関連物質を検出するバイオセンサー(biosensor)などがある.いずれのセンサーも,レセプター(receptor)とよばれる物質を認識検知する部分とトランスデューサー(transducer)とよばれる生じた変化を信号に変換する部分からなっている.以下では,バイオセンサーをとりあげる.

バイオセンサーは主に生体成分などを対象とする化学物質計測デバイスであり,酵素や抗体(antibody)のような分子を識別できる生体素子と,電極や半導体デバイスのような化学情報を電気信号に変換する変換器を組み合わせたものである.その原理を図11.8に示す.

第11章 生体物質の機能と電気化学

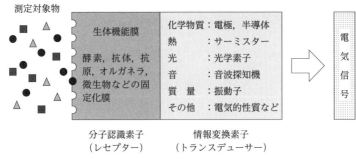

図 11.8 バイオセンサーの原理

　生体内には種々の化学物質を識別する素子があるが，生体触媒である酵素はその一つである．酵素には生体内の特定の反応を選択的に進行させる働きがあり，触媒機能とともに分子認識機能が備わっている．そこで，酵素を用いれば，特定の化学物質を厳密に識別するとともに，その濃度も測定することが可能となる．実際には，酵素反応（enzyme reaction）で生成または消費される化学物質を電極のようなトランスデューサーで測定することによって，もとの化学物質の濃度を知る．

　酵素センサー（enzyme sensor）の代表例には，血液や尿中の糖の量を調べるという臨床上の目的に使われるグルコースセンサー（glucose sensor）がある．グルコースセンサーの基本構成を図 11.9 に示す．これにはグルコース酸化酵素（glucose oxidase, GOD）が用いられる．このセンサーの先端部分を試料溶液に浸漬すると，溶液中の GOD が固定化されている高分子膜中に拡散し，そこで GOD の作

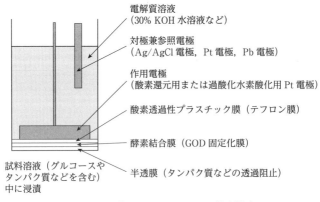

図 11.9 グルコースセンサーの基本構成

用によりグルコース（$C_6H_{12}O_6$）が溶存酸素で酸化されて，グルコノラクトン（$C_6H_{10}O_6$）と過酸化水素が生成する．

$$C_6H_{12}O_6 + O_2 \xrightarrow{GOD} C_6H_{10}O_6 + H_2O_2 \tag{11.9}$$

この反応で溶存酸素が消費されるので，酸素透過性のテフロン膜を通って白金電極に達する酸素は，溶液中のグルコース濃度が高いほど少なくなる．白金電極の電位を酸素が還元される値，たとえば-0.6 V $vs.$ Ag／AgClに保つと，還元電流から酸素の量が測定できる．また，式(11.9)の反応で過酸化水素も生成するので，これを測定してもグルコース濃度を求めることができる．この際には，白金電極の電位がたとえば0.6 V $vs.$ Ag／AgClに設定されていて，そこで過酸化水素の酸化反応が起こるようになっている．その酸化電流の値からグルコース濃度を決定する．

酵素センサーのほかにも，酵素固定化膜の代わりに抗原あるいは抗体固定化膜を用いた免疫センサーや微生物固定化膜を用いた微生物センサーなど，種々のバイオセンサーが医療計測，工業計測プロセス，環境計測，学術研究用などに使用されている．また，味やにおいのセンサーも盛んに研究されている．

11.4 生物電池

生物電池（biological cell, biocell）は酵素，微生物，藻類，クロロフィルなどの生体触媒を利用する電池であり，常温常圧のような温和な条件下で反応が進行するのが特徴である．いまだ実用化されてはいないが，これまでに研究された生物電池には酵素電池（enzyme cell），微生物電池（microbial cell），生物太陽電池（biosolar cell）などがある．以下では，酵素電池をとりあげる．

酵素電池（enzyme cell）は一種の燃料電池[*5]であり，酵素を触媒として用いる以外は通常の常温型燃料電池と本質的に大きな違いはない．この電池では，燃料と酵素に加えてメディエーター（mediator）を共存させ，メディエーターを直接アノード酸化させる方式がよく採用される．この例には，先に呼吸鎖電子伝達系のところで述べたミトコンドリアをモデルとした，グルコースを燃料とする酵素電池がある．ここでは，メディエーターとして補酵素NAD(P)が用いられており，グルコースが燃料であるけれども，直接電極反応する物質はNAD(P)H_2である．ま

[*5] 生物燃料電池（biofuel cell）という．

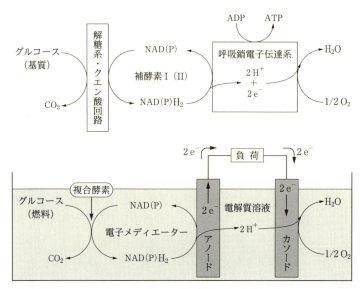

図 11.10 ミトコンドリアにおける呼吸鎖電子伝達系とグルコースを燃料とする酵素電池（燃料電池）の対応関係

た，グルコースを酸化し，同時に NAD(P) を還元する触媒として酵素が用いられている．ミトコンドリアでは，グルコースが解糖系およびクエン酸回路で徐々に分解されて CO_2 になるが，この際 NAD(P) の還元反応が共役し，グルコースの遊離エネルギーは呼吸鎖電子伝達系に伝達される．そして，呼吸鎖電子伝達系を介して，$NAD(P)H_2$ の電子は O_2 に伝達され，H_2O が生成する．図 11.10 に両者の対応関係を示す．これから明らかように，ミトコンドリアはグルコースを燃料とする理想的な燃料電池システムである．

演習問題

11.1 細胞膜電位と神経興奮伝導の関係について述べなさい．
11.2 生体酸化還元電位と呼吸鎖電子伝達系の関係について述べなさい．
11.3 生体酸化還元電位と光合成電子伝達系の関係について述べなさい．
11.4 人の感覚器官をセンサーに例えれば，眼，耳，皮膚，舌および鼻はそれぞれ何に応答するセンサーであるか答えなさい．また，それらは物理センサー，化学センサーのいずれであるか答えなさい．

11.5 グルコースセンサーを例にとって，バイオセンサーの作動原理を説明しなさい．
11.6 生物電池について簡単に説明しなさい．
11.7 微生物電池と生物太陽電池について，図書やインターネットで調査し，レポートにまとめなさい．
11.8 メディエーターの働きについて述べなさい．

第 12 章

電気化学に基づく測定法

　一般に，化学量は物理量に比べて複雑で計測が困難であるが，電極を用いる電気化学測定（electrochemical measurement）では，化学量が電位や電流などの電気信号に変換されるので計測が容易である．すなわち，化学的な現象は電子移動を伴うが，これを電気化学反応（electrochemical reaction）としてとらえれば，その反応推進力，反応速度，反応量はそれぞれ電位，電流，電気量に対応しており，いずれも電気信号として計測できる．そのため，いろいろな形で電気分析，工業計測，環境計測，医療計測などに応用されている．本章では，電位，電流あるいは電気量を計測する代表的な電気化学測定法について述べる．

12.1　電気化学測定法の分類

　電気化学測定法には多くの種類があるが，電気化学における主要な変数が電位，電流および電気量であることを念頭において大別すると，次の三つになる．すなわち，① 反応の推進力に対応する電極電位を任意に制御してその際に流れる電流や電気量を測定する電位規制法（potentiostatic method），② 反応の速度に対応する電流を任意に規制して電位の応答を測定する電流規制法（galvanostatic method），および ③ 反応する物質の物質量（モル数）に対応する一定の電気量を電極に与えたときの電位の応答を測定する電気量規制法（coulostatic method）である．また，これらは制御する電位あるいは電流が時間の関数となっているかどうかで定常法（steady-state method）と非定常法（nonsteady-state method）に分類することができる．他方，これらの測定量に注目して，①は電流の経時変化を測定するときクロノアンペロメトリー（chronoamperometry），電気量の経時変化を測定するときクロノクーロメトリー（chronocoulometry）とよばれ，②と③は電位の経時変化を測定するのでクロノポテンショメトリー（chronopotentiometry）とよばれるこ

とが多い．

12.2 定電流電解と定電位電解

　もっとも単純な場合の電解セルとしては，電解質溶液のほかに2本の電極を入れる容器があればよいが，一般に電極反応の研究で用いられる電解セルには適当な作用電極（working electrode），対極（counter electrode）および参照電極（reference electrode）が組み込まれている．電解セルと測定系の代表例はすでに図5.8に示した．電解槽本体や電極の形状，配置などは，目的に応じて適当に工夫すればよい．たとえば，対極で生成した物質が作用電極に到達して反応するおそれがある場合には，両極間に隔膜（セパレータ）を設ける．また，溶液のかくはん，雰囲気の規制，溶存酸素の除去などの目的には，不活性ガスの出入口をつけるし，拡散が大きく関与する場合には，電極を回転させたり溶液を流動させたりする．なお，電解セルを組み立てる際には，作用電極の表面における電流分布が均一になるように対極を配置したり，IR損を少なくするために液絡用のルギン毛管（Luggin capillary）とよばれる毛管の先端を電極表面に近い位置に配置させたりすることは，つねに心掛けておく必要がある．ただし，電極表面の電流分布を乱さないために，毛管先端部の外径の2倍以内には近づけないことが大切である．

　定電流電解（galvanostatic electrolysis）の際の配線は図12.1(a)に示されている．この場合には，電気分解（電解）が進むにつれて電極表面における濃度分極の影響で電位が変化するので，これは後述するクロノポテンショメトリーのような分析手法に応用される．他方，定電位電解（potentiostatic electrolysis）装置の原理

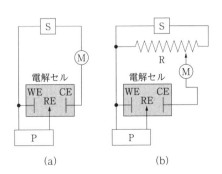

図12.1 定電流電解装置(a)と定電位電解装置(b)の原理
WE：作用電極，CE：対極，RE：参照電極，S：直流電源，P：電位差計，R：可変抵抗，M：電流計または電量計．

を図 12.1(b) に示す．電気分解中，つねに作用電極の電位を電位差計 P で監視し，それが一定になるように可変抵抗 R を調節する．この操作を自動的に行うのがポテンショスタット（potentiostat）とよばれる定電位電解装置であり，作用電極の実際の電位とはじめに設定した電位との差を検出し，それに応じて出力電流を調節するのがその原理である．定電位電解法の特長は設定した電位に対応する電極反応だけを進行させることができる点であり，後述するクロノアンペロメトリーやクロノクーロメトリーをはじめ，種々の物質の分離，精製，定量などに応用される．

なお，電流-電位曲線を測定する場合，一般には電位規制法でも電流規制法でも同じ結果が得られるが，電流が電位に対して単調増加関数とならない系では，たとえば図 12.2 に示すように，電流規制法で測定すると誤った結果が得られるので注意を要する．

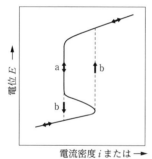

図 12.2　電位規制法(a) と電流規制法(b) で測定した電流-電位曲線の比較

12.3　ポテンショメトリー

ポテンショメトリー（potentiometry）は電位の測定に基づいており，電流を流さない場合と一定電流を流す場合がある．

まず，電流を流さない電位差滴定（potentiometric titration）をとりあげる．溶液中の化学種の濃度と電位の関係はネルンスト式で与えられる．そこで，試料溶液中に適当な作用電極と参照電極を挿入し，両極間の電位差を電位差計で測定することによって作用電極の電位を知れば，溶液中の化学種の濃度を求めることができる．ふつう，滴定しながら両極間の電位差を測定して，当量点付近での電極電位の

変化から終点を判定する．この方法は中和滴定，酸化還元滴定，錯形成滴定，非水溶媒滴定などに広く用いられる．

一例として，白金電極を用いて Fe^{2+} を含む溶液を濃度既知の Ce^{4+} を含む溶液で滴定する場合を考えてみよう．滴定反応は次のように表される．

$$Fe^{2+} + Ce^{4+} \longrightarrow Fe^{3+} + Ce^{3+} \tag{12.1}$$

当量点以前では，ある程度の量の Fe^{3+} と Fe^{2+} が存在し，白金電極は速やかに $Fe^{2+} \rightleftarrows Fe^{3+} + e^-$ 系の安定な電位を示す．当量点のすぐ近くでは，Fe^{2+} の濃度は非常に小さくなり，濃度比 $[Fe^{3+}]/[Fe^{2+}]$ が急速に変化するのに対応して，電位は急激に変化する．そのとき，ある程度の量で存在するのは Fe^{3+} と Ce^{3+} であり，白金電極はこれらの不安定な混成電位を示す．当量点を十分にすぎると，Ce^{3+} と Ce^{4+} がかなり多く存在し，白金電極は $Ce^{4+} + e^- \rightleftarrows Ce^{3+}$ 系の安定な電位を示すようになる．この変化のようすを図 12.3(a) に示す．このような曲線は電位差滴定曲線（potentiometric titration curve）とよばれる．なお，滴定曲線は当量点を明確にさせるために，図 12.3(b) のような一次微分曲線やさらには二次微分曲線で表すこともある．

以上とは対照的に，溶液を静止状態に保って，作用電極と対極との間に一定電流

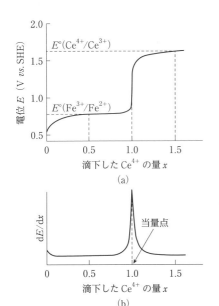

図 12.3 Fe^{2+} を含む水溶液を Ce^{4+} を含む水溶液で滴定したときの電位変化
(a) 通常の電位差滴定曲線
(b) 一次微分形の滴定曲線

を流し，作用電極の電位を時間の関数として追跡する方法はクロノポテンショメトリーとよばれ，電極反応の研究，反応物の定性分析や定量分析などに利用される．通常，作用電極には白金電極や吊り下げ水銀滴電極が使われる．電流規制の仕方には種々の方法があるが，定電流ステップはもっとも基本的な方法である．

いま，$O + ne^- \rightarrow R$ で表される電極反応が進行する場合を考えてみよう．ただし，O は酸化体，R は還元体を表す．任意の大きさの定電流を作用電極と対極の間に流すと，O は一定速度で還元され，電極表面での O と R の濃度比が変化するにつれて電極電位も変化する．電気分解が進むにつれて電極表面における O の濃度は減少し，ついには 0 になる．このとき電極電位は次の新たな還元反応が起こるまでより卑な電位へ急激に変化する．このように電極表面における反応物の濃度が 0 になって急激な電位変化が起こるまでの時間を遷移時間（transition time）という．遷移時間 τ と反応物 O の濃度 c_O との間にはサンド式（Sand equation）とよばれる次式が成立する．

$$\tau^{1/2} = \pi^{1/2} n F D_O^{1/2} c_O / 2i \tag{12.2}$$

ここで，i は電流密度，D_O は反応物 O の拡散係数である．$\tau^{1/2}$ は電極反応の可逆性には無関係であり，濃度 c_O に比例するので，定量分析の基礎となっている．測定される電位-時間曲線[*1]を図 12.4 に示す．この電位 E と時間 t の関係は，可逆

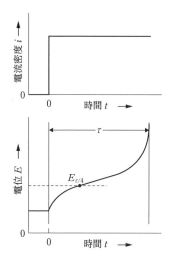

図 12.4　定電流クロノポテンショメトリー

[*1] クロノポテンショグラム（chronopotentiogram）という．

系の電極反応の場合には，次式で表される．

$$E = E_{\tau/4} + (RT/nF)\ln[(\tau^{1/2} - t^{1/2})/t^{1/2}] \tag{12.3}$$

ここで，$E_{\tau/4}$ は $t = \tau/4$ のときの電位（四分波電位 (quarter-wave potential) という）であり，電流密度や濃度に依存しない反応物に固有の値であるため，定性分析の指標となる．これは $E_{\tau/4} = E° + (RT/nF)\ln(\gamma_O D_R^{1/2}/\gamma_R D_O^{1/2}) = E°' + (RT/2nF)\ln(D_R/D_O)$ で与えられ，ポーラログラフィー (polarography)[*2] の可逆半波電位 (reversible half-wave potential) $E_{1/2}$ に等しい．また，不可逆系の電極反応の場合には，$E°$ を基準にして

$$\begin{aligned}E = E° &+ (RT/\alpha n_a F)\ln(2k°/\pi^{1/2}D^{1/2}) + \\ &(RT/\alpha n_a F)\ln(\tau^{1/2} - t^{1/2})\end{aligned} \tag{12.4}$$

で表される．ここで，α は移動係数，n_a は律速段階でやりとりする電子の数で，n_a は必ずしも n に等しくはない．また，$k°$ は電位に無関係な速度定数である．これらの式からわかるように，電極反応の可逆性は対数プロットを行い，その勾配の違いから判定することができる．

12.4 アンペロメトリー

アンペロメトリー (amperometry) は電流の測定に基づいている．溶液は静止状態にして，作用電極の電位を図 12.5 の上図に示すようにはじめは電極反応が起こらない電位 E_1 に設定する．次に，それを還元の起こるある程度卑な電位 E_2 あるいは十分卑な電位 E_3 までステップさせる．このとき流れる電流を記録すると，図 12.5 の下図のようになる．このように作用電極の電位を規制して電流と時間の関係を測定する方法はクロノアンペロメトリーとよばれ，電極反応の研究によく用いられる．

いま，$O + ne^- \rightarrow R$ のような還元反応をとりあげてみよう．E_1 では電流は 0 である．E_2 では反応物 O の還元が起こるが，溶液中から電極表面へ拡散してきた O がすべて還元されるほどには反応が速くないので，反応速度すなわち電流はステップする電位に依存する．さらに十分卑な電位 E_3 では，電極表面へ拡散してく

[*2] 作用電極としての滴下水銀電極 (dropping mercury electrode, DME) に印加する電圧をゆっくり走査しながら流れる電流を記録するボルタンメトリーであり，得られる電流-電位曲線をポーラログラム (polarogram) という．

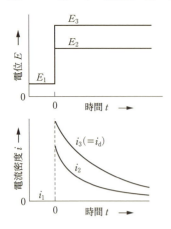

図 12.5 電位ステップクロノアンペロメトリー

る O はすべて還元され，電極表面での濃度が 0 になっているので，電流は電極表面への O の拡散速度によって支配され，電位に無関係となる．E_2 と E_3 のいずれの場合にも，電解時間とともに O の拡散層の厚さが増大し，O の濃度勾配が減少するため，電流は時間の経過につれて減少する．電極反応が十分速く（可逆系），また O の拡散が半無限拡散（平板電極）である場合には，拡散層の厚さは $\pi^{1/2}D_O^{1/2}t^{1/2}$ に等しく，このような電流は電解時間の平方根 $t^{1/2}$ に反比例することが知られている．とくに，E_3 におけるような拡散支配の電流密度 i_d は，コットレル式（Cottrell equation）とよばれる次式で表される．

$$i(t) = i_d = nFD_O^{1/2}c_O/\pi^{1/2}t^{1/2} \tag{12.5}$$

この式から，$t^{-1/2}$ に対して i_d をプロットすると原点を通る直線となることがわかる．直線の勾配より，n と c_O がわかれば D_O が求められ，n と D_O がわかれば c_O が求められる．i_d と c_O は比例関係にあるので，このプロットから反応物 O の定量分析が可能である．

12.5 クーロメトリー

クーロメトリー（coulometry）とは電極反応に関与する電気量を測定することに基づく方法であり，図 12.6 に示すように，定電流（電流規制）クーロメトリー（galvanostatic coulometry）と定電位（電位規制）クーロメトリー（potentiostatic coulometry）に分類される．いずれの場合にも，ファラデーの法則により，測定

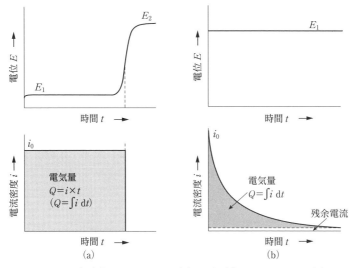

図 12.6 定電流クーロメトリー(a) と定電位クーロメトリー(b)

された電気量から反応物の量を求めることができる．

　いま，一定電流を流して溶液中の反応物を電解酸化あるいは電解還元する場合を考えてみよう．溶液中にその反応物が存在する間は作用電極の電位はほぼ一定であるが，その反応物がすべて消費されると次の新たな物質の電極反応が生ずるまで電位が移動する．この間の電流と時間の積は反応物の量に対応した電気量であり，これを測定すれば反応物の量を知ることができる．このような定電流クーロメトリーは滴定[*3]に利用される．

　他方，一定電位で電気分解を行うと，反応物の減少に伴って電流値も減少する．電流値が十分小さくなるまでの電気量から，ファラデーの法則に基づいて，その反応物の量を知ることができる．電流の減少が指数関数的であることを利用して，電気分解を最後まで行わずに全電気分解に必要な電気量を評価することもできる．

　以上のようなクーロメトリーには，作用電極，対極，参照電極，セパレータを有する電解セル，スターラーなどのほかに，定電流あるいは定電位電解装置，電量計，記録計などが必要である．これらの場合には，測定中，溶液はかくはんされている．それに対して，次に述べるクロノクーロメトリーでは，反応物の電極表面へ

[*3] 電量滴定（coulometric titration）という．

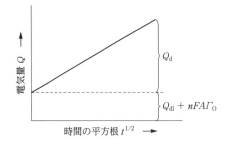

図 12.7 電位ステップクロノクーロメトリーにおける Q-$t^{1/2}$ プロット

の輸送が拡散によって起こるように溶液も作用電極も静止した状態で測定が行われる.

先に述べたクロノアンペロメトリーと同様に作用電極の電位を規制して電流の時間変化を測定するが，その電流を積分して電気量を時間の関数として記録する方法は，クロノクーロメトリーとよばれる．これは電極反応の研究，とくに吸着現象の研究に適している．電位ステップ幅を大きくして電流が拡散支配となるようにすると，電気量-時間の関係は式(12.5)のコットレル式を時間で積分することによって得られ，次式のようになる．

$$Q(t) = Q_\mathrm{d} = \int_0^t i(t)\mathrm{d}t = 2nFD_\mathrm{O}^{1/2}c_\mathrm{O}t^{1/2}/\pi^{1/2} \tag{12.6}$$

これから，$t^{1/2}$ に対して Q_d をプロットすると原点を通る直線となることがわかる．直線の勾配より，n と c_O がわかれば D_O が求められる．しかしながら，電気二重層の充電に要する電気量 Q_dl や反応物 O が吸着するときにはその還元に要する電気量 $nFA\Gamma_\mathrm{O}$（Γ_O：吸着した O の電極表面濃度）のため，一般に，このプロットは原点を通らないで図12.7のようになる．

12.6 ボルタンメトリー

作用電極の電位を時間とともに一定速度でゆっくり変化させれば，そのとき得られる電流-時間曲線はそのまま電流-電位曲線に対応する．このようにして電流-電位曲線を測定する方法は，一般には，ボルタンメトリー（voltammetry）とよばれる．物質によって反応する電位が異なるので電位は反応物の定性分析に利用できるし，電流は濃度に依存するので反応物の定量分析に利用できる．また，電極反応の解析にもたいへん有用である．以下では，最近，広い分野で利用されているサイク

リックボルタンメトリー（cyclic voltammetry, CV）を例としてとりあげる．

　一定速度で電位を変化させ，そのときに流れる電流を電流-電位曲線として記録する方法を電位走査法（potential scanning method）[*4]というが，繰り返して電位走査する場合はサイクリックボルタンメトリーとよばれる．これは反応の起こる電位，反応の速さ，反応生成物の反応性など，電極表面で起こっている反応を定性的に把握することができるもっとも手っ取り早い方法の一つであり，電気化学のみならずさまざまな化学の分野でよく利用されている．サイクリックボルタンメトリーは静止溶液中において，白金電極，黒鉛電極，吊り下げ水銀滴電極などのような静止電極を用いて行われる．この場合には，三極式セルを用い，作用電極の電位を一定の範囲にわたって走査（走査速度：$10^{-3} \sim 10^2$ V s^{-1} 程度）できるようになっている．

　いま，$R \rightleftarrows O + n\mathrm{e}^-$ で表される単純な可逆系の電極反応の場合を考えてみよう．得られる電流-電位曲線を図12.8に示す．このような曲線はサイクリックボルタモグラム（cyclic voltammogram）とよばれる．電流ピークが生じるのは，過電圧の増大に伴って反応速度が増大し電流が大きくなる効果と，時間の経過に伴って電極近傍の反応物量が減少して電流が小さくなる効果の組合せによると説明される．

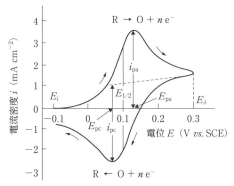

図12.8　可逆系の電極反応（$R \rightleftarrows O + n\mathrm{e}^-$）に対するサイクリックボルタモグラム
　E_i：初期電位，E_λ：反転電位．

[*4]　電位掃引法（potential sweep method）ともよばれる．

このような可逆系においては，25°Cでのピーク電流密度（peak current density）i_p（アノードピーク電流密度 i_{pa}，カソードピーク電流密度 i_{pc}），ピーク電位（peak potential）E_p（アノードピーク電位 E_{pa}，カソードピーク電位 E_{pc}）および半ピーク電位（half-peak potential）[*5] $E_{p/2}$ は，それぞれ次のような式で表される．

$$i_p = 0.4463nF(nF/RT)^{1/2}D^{1/2}cv^{1/2} = 269n^{3/2}D^{1/2}cv^{1/2} \quad (12.7)$$

$$E_p = E_{1/2} \pm 1.109RT/nF = E_{1/2} \pm 0.0285/n \quad (+ : E_{pa}, - : E_{pc}) \quad (12.8)$$

$$|E_p - E_{p/2}| = 2.2RT/nF = 0.0565/n \quad (12.9)$$

ここで，$E_{1/2}$ はポーラログラムにおける半波電位（half-wave potential）である．また，単位は i_p (A cm^{-2})，D (cm^2 s^{-1})，c (mol dm^{-3})，v (V s^{-1})，E_p，E_{pa}，E_{pc}，$E_{p/2}$，$E_{1/2}$ (V) である．

これに対して，R → O + n e$^-$ で表される不可逆系[*6]の電極反応の場合には，25°Cで次式となる．

$$i_p = 0.4958nF(\alpha n_a F/RT)^{1/2}D^{1/2}cv^{1/2} = 299n(\alpha n_a)^{1/2}D^{1/2}cv^{1/2} \quad (12.10)$$

$$E_p = E_{1/2} \pm (RT/\alpha n_a F)[0.780 + \ln(D^{1/2}/k°) + 1/2\ln(\alpha n_a Fv/RT)] \quad (+ : E_{pa}, - : E_{pc}) \quad (12.11)$$

$$|E_p - E_{p/2}| = 1.857RT/\alpha n_a F = 0.0477/\alpha n_a \quad (12.12)$$

ここで，α は移動係数，n_a は律速段階で移動する電子数，$k°$ は電位に無関係な標準速度定数である．なお，不可逆系では正方向のピークのみが現れ，逆反応のピークは現れないこともある．

以上では溶液中に溶解している物質の電気分解を考えてきたが，次に固体電極の

[*5] ピーク電流の半分の値を与える電位をいう．
[*6] サイクリックボルタンメトリーにおいては，電極反応の可逆性は電位走査速度 v の大きさによって変わり，v が大きい場合に不可逆であっても，v を小さくすると可逆の場合に近づいてくる．可逆性の目安としては，25°Cにおいて $D_R = D_O = 10^{-5}$ cm^2 s^{-1}，$\gamma_R = \gamma_O = 1$ および $\alpha = 0.5$ のとき，v (V s^{-1}) と $k°$ (cm s^{-1}) の大小によって，$k° \geqslant 0.3(nv)^{1/2}$ の場合は可逆（reversible）系，$0.3(nv)^{1/2} \geqslant k° \geqslant 2 \times 10^{-5}(nv)^{1/2}$ の場合は準可逆（quasi-reversible）系，$k° \leqslant 2 \times 10^{-5}(nv)^{1/2}$ の場合は不可逆（irreversible）系である．すなわち，可逆とは，電荷移動が非常に速く，電流は物質移動で支配されているときを示す．他方，不可逆あるいは準可逆では，電荷移動が遅く，電極表面に反応物が存在していても，完全に反応しつくすことができにくいときを示す．

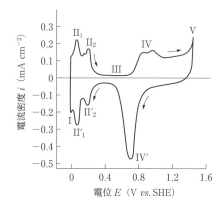

図 12.9 0.5 mol dm^{-3} H$_2$SO$_4$ 中における白金電極のサイクリックボルタモグラム

表面が変化する場合を考えてみよう．図12.9は0.5 mol dm^{-3} H$_2$SO$_4$中における白金電極のサイクリックボルタモグラムである．まず，アノーディックな方向に向かって図中のII$_1$，II$_2$にピークをもつ吸着水素原子H$_{ad}$の酸化に基づく電流，IIIの電極表面での電気二重層の形成に基づく小さな電流（二重層の充電電流），IVの電極表面における白金酸化物層PtO$_x$の形成に基づく電流，Vの酸素ガスの発生に基づく電流が認められる．ついで，カソーディックな方向に向かって，IV′にピークをもつ白金酸化物層PtO$_x$の還元に基づく電流，II$_2'$，II$_1'$にピークをもつ吸着水素原子H$_{ad}$の生成に基づく電流，Iの水素ガスの発生に基づく電流が認められる．これらのうち，水素原子の吸脱着反応は式(12.13)で表され，電流のピークが二つ現れるのは電極上の水素原子の吸着点が結晶面によって異なるためである．

$$H_{ad} = H^+ + e^- \tag{12.13}$$

また，白金酸化物の生成・還元反応は式(12.14)によって表される．

$$Pt + x\,H_2O = PtO_x + 2x\,H^+ + 2x\,e^- \tag{12.14}$$

一般に，サイクリックボルタモグラムを解釈するには分極の加減，電位走査速度の加減，かくはんの有無，濃度の変化などが役立つ．たとえば，IやVのように分極の増大につれていつまでも電流が増大するのは，溶媒や支持電解質の分解，電極の溶解などが考えられる．溶媒の分解ならば電極から気泡の発生がみられることが多く，また，電極Mの溶解ならば，

$$M = M^{n+} + n\,e^- \tag{12.15}$$

の平衡電位の近傍から電流が立ち上がるのがふつうである．式(12.13)のような水

素原子の吸着や式(12.14)のような薄い酸化物層形成の場合には，ピークの面積から求めた電気量がほぼ一定であり，ピークの面積は電位走査速度 v に大体比例する．さらに，電解質溶液をかくはんすることによって，かくはんの影響を受けにくい皮膜の形成などと，かくはんの影響が大きい溶液からの反応物の補給とを区別できる．

ボルタンメトリーにはサイクリックボルタンメトリーや対流ボルタンメトリー（hydrodynamic voltammetry）[7]を含めていろいろな方法がある．その中でも単掃引ボルタンメトリー（single sweep voltammetry）[8]と滴下水銀電極を用いるポーラログラフィーはしばしば採用されるが，これらについては他書を参照されたい．

演習問題

12.1 電気化学測定法には多くの種類がある．これらを，電気化学における主要な変数が電位，電流および電気量であることを念頭において，大別しなさい．
12.2 ポテンショメトリー（電位差測定法）の原理について述べなさい．
12.3 クロノポテンショメトリーにおけるサンド式について述べなさい．
12.4 アンペロメトリー（電流測定法）の原理について述べなさい．
12.5 クロノアンペロメトリーにおけるコットレル式について述べなさい．
12.6 クーロメトリー（電気量測定法）の原理について述べなさい．
12.7 レドックス種を含む溶液中でのサイクリックボルタモグラムにおいて電流のピークが現れる理由を述べなさい．
12.8 可逆系電極反応のサイクリックボルタモグラムにおけるピーク電流密度，ピーク電位および半ピーク電位の間の関係を説明しなさい．

---

[7] 電極に接する溶液を対流させながら，電流-電位曲線を測定する方法をいう．
[8] 線形掃引ボルタンメトリー（linear sweep voltammetry）ともいう．

参考図書，参考文献および参考資料

電気化学一般の教科書

田村英雄・松田好晴共著，"現代電気化学"，培風館 (1977).
電気化学協会編，"若い技術者のための電気化学"，丸善 (1983).
喜多英明・魚崎浩平共著，"電気化学を志す人へ 電気化学の基礎"，技報堂出版 (1983).
電気化学協会編，"新しい電気化学"，培風館 (1984).
日本化学会編，米山 宏著，"新化学ライブラリー 電気化学"，大日本図書 (1986).
高橋武彦著，"新版 電気化学概論"，槙書店 (1986).
小沢昭弥企画・監修，"現代の電気化学"，新星社 (1990).
玉虫伶太著，"電気化学 第2版"，東京化学同人 (1991).
松田好晴・岩倉千秋共著，"化学教科書シリーズ 電気化学概論"，丸善 (1994).
電気化学協会編，"先端電気化学"，丸善 (1994).
大堺利行・加納健司・桑畑 進著，"ベーシック電気化学"，化学同人 (2000).
渡辺 正・金村聖志・益田秀樹・渡辺正義著，"基礎化学コース 電気化学"，丸善 (2001).
逢坂哲彌（編著），直井勝彦・門間聰之，"実力がつく電気化学 基礎と応用"，朝倉書店 (2012).
松田好晴・岩倉千秋共著，"化学教科書シリーズ 第2版 電気化学概論"，丸善出版 (2014).
泉 生一郎・石川正司・片倉勝己・青井芳史・長尾恭孝共著，"基礎からわかる電気化学（第2版）"，森北出版 (2015).

電気化学の専門書

G. Wranglén著，吉沢四郎・山川宏二・片桐 晃共訳，"金属の腐食防食序論"，化学同人 (1973).
日根文男著，"電気化学反応操作と電解槽工学"，化学同人 (1979).
高橋正雄・増子 昇著，"工業電解の化学"，アグネ (1979).
清山哲郎・塩川二朗・鈴木周一・笛木和夫編，"化学センサー――その基礎と応用―"，

講談社サイエンティフィク (1982).
藤嶋　昭・相澤益男・井上　徹共著，"電気化学測定法（上・下）"，技報堂出版 (1984).
電気鍍金研究会編，"めっき教本"，日刊工業新聞社 (1986).
電気化学協会編，"新編　電気化学測定法"，電気化学協会 (1988).
日本化学会編，"季刊化学総説 No.1 バイオセンシングとそのシステム"，学会出版センター (1988).
逢坂哲彌・小山　昇・大坂武男著，"電気化学法―基礎測定マニュアル"，講談社サイエンティフィク (1989).
逢坂哲彌・小山　昇共編，"電気化学法―応用測定マニュアル"，講談社サイエンティフィク (1990).
表面技術協会編，"表面処理工学　基礎と応用"，日刊工業新聞社 (2000).
電池便覧編集委員会編（編集代表　松田好晴・竹原善一郎），"電池便覧　第3版"，丸善 (2001).
A. J. Bard, L. R. Faulkner, "Electrochemical methods ― Fundamentals and Applications (2nd Edition)", John Wiley & Sons (2001).
田村英雄監修，池田広之助・岩倉千秋・松田好晴編著，"電子とイオンの機能化学シリーズ Vol.1 いま注目されているニッケル―水素電池のすべて"，エヌ・ティー・エス (2001).
田村英雄監修，松田好晴・高須芳雄・森田昌行編著，"電子とイオンの機能化学シリーズ Vol.2 大容量電気二重層キャパシタの最前線"，エヌ・ティー・エス (2002).
電気化学会編，"電気化学測定マニュアル　基礎編"，丸善 (2002).
電気化学会編，"電気化学測定マニュアル　実践編"，丸善 (2002).
田村英雄監修，森田昌行・池田広之助・岩倉千秋・松田好晴編著，"電子とイオンの機能化学シリーズ Vol.3 次世代型リチウム二次電池"，エヌ・ティー・エス (2003).
田村英雄監修，内田裕之・池田広之助・岩倉千秋・高須芳雄編著，"電子とイオンの機能化学シリーズ Vol.4 固体高分子形燃料電池のすべて"，エヌ・ティー・エス (2003).
日本化学会編，渡辺正廣責任編集，"実力養成化学スクール 4 燃料電池"，丸善 (2005).
西野　敦・直井勝彦，"エレクトロニクス材料・技術シリーズ　大容量キャパシ技術と材料Ⅲ―ユビキタス対応の超小型要素技術と次世代大型要素技術―"，シーエムシー出版 (2006).
辰巳國昭他，"電池革新が拓く次世代電源"，エヌ・ティー・エス (2006).
電気化学会編，"第6版 電気化学便覧"，丸善出版 (2013).

そ の 他

高村 勉・佐藤祐一，電気化学，**38**，445 (1971).
高橋樟彦，電気化学，**46**，2 (1978).
相澤益男・鈴木周一，電気化学，**48**，680 (1980).
今堀和友・山川民夫監修，"生化学辞典"，東京化学同人 (1984).
文部省・日本化学会編，"学術用語集 化学編（増訂2版）"，南江堂 (1986).
長倉三郎・井口洋夫・江沢 洋・岩村 秀・佐藤文隆・久保亮五編，"岩波 理化学辞典 第5版"，岩波書店 (1998).
玉虫怜太・井上祥平・梅沢喜夫・小谷正博・鈴木紘一・務台 潔編，"エッセンシャル化学辞典"，東京化学同人 (1999).
G. M. Barrow 著，大門 寛・堂免一成訳，"バーロー物理化学（上・下）（第6版）"，東京化学同人 (1999).
足立吟也・岩倉千秋・馬場章夫編，"新しい工業化学 環境との調和をめざして"，化学同人 (2004).
松田好晴・逢坂哲彌・佐藤祐一編集代表，"キャパシタ便覧"，丸善 (2009).
電気化学会電池技術委員会編，"電池ハンドブック"，オーム社 (2010).
日本化学会編，"第7版 化学便覧 応用編"，丸善出版 (2014).
P. Atkins・J. de Paula 著，中野元裕・上田貴洋・奥村光隆・北河康隆訳，"アトキンス物理化学（上・下）（第10版）"，東京化学同人 (2017).

参 考 資 料

電池工業会ホームページ (http://www.baj.or.jp/index.html)
日本ソーダ工業会ホームページ (http://www.jsia.gr.jp/index.html)
国立研究開発法人 新エネルギー・産業技術総合開発機構ホームページ (http://www.nedo.go.jp/)

索　引

[ ] は別称，➡は"も見よ"を示す．

A～Z

DSA　97
DSE　97
MEA　87
NAD　143
NADH$_2$　143
NADP　146
NADPH$_2$　147
NHE　27
RHE　31
SCE　30
SHE　27,30

あ　行

IR損　43,45,55,61
亜鉛-空気電池　68
亜鉛製錬　89
アクセプター　127
アデノシン三リン酸　144
アデノシン二リン酸　147
アニオン　3
アニオン電着塗装　110
アノード　1,3,4,5,22
アノード光電流　134
アノード酸化　1,5
アノード酸化反応　108
アノード処理　104
アノードスライム　102
アノード電流密度　49
アノード分極　47

アノード防食　121
アボガドロ定数　8
アポ酵素　143
アルカリ形燃料電池　82,84
アルカリ蓄電池　72
アルカリマンガン乾電池　66
アルマイト　108
アルマイト処理　108
アルミニウム製錬　89
アルミニウム電解コンデンサー　109
アレニウス　3,15
アンペロメトリー　159

イオノマー　87
イオン　1
　――のモル伝導率　14
イオン解離　15
イオン交換樹脂　87
イオン交換膜　94
イオン交換膜法　96
イオンセンサー　149
イオン伝導の機構　18
イオン伝導体　1,5
イオン雰囲気　19
石綿　94,96
一次電池　59,64
移動界面電気泳動法　148
移動係数　50
移動度　11,18
陰イオン［アニオン］　3
陰極　5,90
インターカレーション　76

ウェストン電池　23

泳　動　52
液間電位　34
液　絡　32
エッジ欠陥　105
エッチピット　109
エッチング　109
n型半導体　125,127
エネルギーギャップ　126
エネルギー効率　92
エネルギー準位　125
エネルギーバンド　125
エネルギー変換効率　59,86
エネルギー密度　62
エレクトロキャタリシス［電極触媒作用］
　　57
塩　橋　34

オーム抵抗　91
オームの法則　11

か　行

解糖系　144
外部ヘルムホルツ面　41
界面過剰量　37
界面張力　37
界面電解　89
解離度　15
化学電池　22,59
化学当量　8
可　逆　164
可逆水素電極　31
可逆半波電位　159
拡　散　52
拡散係数　54
拡散層　42,53
拡散二重層　40
拡散流束　54
隔　膜　5,60,90,94
隔膜法　96
ガスセンサー　149

化　成　109
カソード　1,3,4,5,23
カソード還元　1,5
カソード光電流　134
カソード電流密度　49
カソード分極　47
カソード防食　121
カチオン　3
カチオン交換膜　96
カチオン電着塗装　110
活性陰極　97
活性化エネルギー　48
活性化過電圧　55
活動電位　141
活物質　59
活　量　22,24
活量係数　29
過電圧　45,48,91
価電子帯　126
カーライル　3
カルノー効率　86
ガルバニ　2,140
カルビン回路　147
カルボキシラーゼ　145
カレンダー寿命　63
カロメル電極　27
かん水　95
乾電池　65

擬似キャパシタ　80,81
基　質　143
犠牲アノード法　121
起電力　22,23,24,60
ギブズエネルギー　5
ギブズの吸着等温式　37
ギブズ-ヘルムホルツ式　25
キャパシタ　37,80,109
キャリヤー　11,125,126
強制通電法　122
強電解質　13
局部アノード　114
局部カソード　115
局部電池機構　113

銀-塩化銀電極　27,30
キンク　105
禁制帯　126
金属水素化物　74
金属霧　98

グイ-チャップマン　40
空間電荷層　129
空気電池　68
クエン酸回路　144
グラナ　146
クリステ　145
グルコース酸化酵素　150
グルコースセンサー　150
グレッツェル電池　138
クロノアンペロメトリー　154,156,159
クロノクーロメトリー　154,156,162
クロノポテンショグラム　158
クロノポテンショメトリー　154,158
グローブ　3,7
クーロメトリー　160

結晶化過電圧　105
限界電流密度　53,54
原子力電池　59

高圧型ニッケル-水素電池　4
交換電流密度　48
公称電圧　64
酵素　140,143
酵素センサー　150
酵素電池　151
酵素反応　150
抗体　149
高率充放電　76
呼吸　144
呼吸鎖電子伝達系　142,144
コージェネレーション　86
固体高分子形燃料電池　82
固体酸化物形燃料電池　82,84
コットレル式　160,166
ゴールドマンの式　34
ゴールドマン-ホジキン-カッツ式　142

コールラウシュのイオン独立移動の法則　14
コールラウシュの平方根則　13
コールラウシュブリッジ　12
混成電位　118
コンデンサー[キャパシタ]　37,80,109

さ　行

サイクリックボルタモグラム　163
サイクリックボルタンメトリー　162,163
最高被占軌道　125
最低空軌道　125
作用電極　47,155
酸化還元電位　140,144
酸化銀電池　67
酸化酵素　143
酸化水銀(Ⅱ)電極　27,31
参照電極　27,30,56,155
酸素過電圧　93
サンド式　158,166

色素増感　136
色素増感太陽電池　138
式量電位　29
試験電極[作用電極]　47,156
仕事関数　129
自己放電率　63
シトクロム　145
シナプス　141
四分波電位　159
ジーメンス　3
弱電解質　13
自由電子　127
充放電サイクル寿命　63
出力密度　63
シュテルン　40
準可逆　164
消耗性電極　93
食塩電解　89,95
食塩電解工業　95
ショットキー障壁　129
ショットキー接合　129
真空の誘電率　80

神経系　140
神経興奮伝導　140
神経細胞　140
神経伝達物質　141
浸　出　100
真性半導体　126

水銀電池　67
水銀法　96
水素過電圧　93
水素-酸素燃料電池　6
水素電極　26
スタック　87
ステップ　105
ストロマ　146

正　127
正　極　2,5,22
正　孔　126,127
正孔捕捉剤　137
静止状態　141
静止電位　141
生体酸化還元電位　143
生体内酸化還元系　142
静電容量　38
生物太陽電池　151
生物電気化学　140
生物電池　59,151
生物燃料電池　151
精　錬　100
製　錬　100
積分容量　39
ゼーダベルグ式　99
Zスキーム　147
セパレータ［隔膜］　5,60,90,94
セル定数　12
ゼロ電荷点　38
ゼロ電荷電位　38
遷移時間　158
線形掃引ボルタンメトリー　166
センサー　149

総合エネルギー効率　86

槽電圧　91
素反応　45
ゾーン電気泳動法　148

た　行

対　極　47,155
耐食合金　124
太陽電池　59
対　流　52
対流ボルタンメトリー　166
脱水素酵素　143
ダニエル　3
ダニエル電池　3,22,113
ターフェル　3
ターフェル勾配　51
ターフェル式　3,51
ターフェル直線　51
単極式　94
炭酸同化　146
単掃引ボルタンメトリー　166
担体［➡ キャリヤー］　11

定常法　154
定電位（電位規制）クーロメトリー　160
定電位電解　155
定電流（電流規制）クーロメトリー　160
定電流電解　155
デインターカレーション　76
滴下水銀電極　37,159
テトラフルオロエチレンポリマー　97
デービー　3
テラス　105
電圧効率　91
電位規制法　154
電位差　22
電位差計　23
電位差滴定　156
電位差滴定曲線　157
電位窓　93
電位掃引法　163
電位走査法　163
電位-pH図　118

索引　175

電解［電気分解］　1, 89
電解採取　100
電解質　3, 11
電解質濃淡電池　32
電解質溶液　3, 4, 11
電解処理　89
電解精製　100
電解製造　89
電解精錬　100, 101
電解製錬　100
電解セル　1, 5
電解槽　89, 94
電解着色　110
電解抽出　100
電荷移動過程　45, 47
電荷移動抵抗　52
電解プロセス　89
電荷層　36
電気泳動　148
電気泳動効果　19
電気泳動法　148
電気化学　1
電気化学キャパシタ　59, 80
電気化学系［電気化学システム］　1, 4
電気化学セル　1, 4
電気化学測定　154
電気化学的分極　12
電気化学当量　8
電気化学反応　45, 154
電気化学光電池　135
電気化学ポテンシャル　37
電気素量　8
電気抵抗　11
電気抵抗率　11
電気伝導率　11
電気二重層　36, 45
電気二重層キャパシタ　80
電気分解　1, 89
電気分解セル［➡ 電解セル］　1
電気防食　121
電気めっき　104
電気毛管曲線　37
電気毛管極大　38

電極　3
電極系　4
電極触媒　56
電極触媒作用　57
電極電位　22, 26, 45
電極濃淡電池　31
電極反応　36, 45
電極反応速度論　3
電気量規制法　154
電子　1
電子伝達系　142
電子伝達反応　142
電子伝導体　1, 5
電池　1, 5, 6, 59
　——の容量　62
電池起電力　22
電着塗装　104, 110
伝導帯　126
電離　15
電離説　3
　アレニウスの——　15
電流規制法　154
電流効率　92
電流密度　45, 46
電量計　9
電量滴定　161
電力負荷調整　79
電力負荷平準化　79

透過係数　142
銅精錬　89
動的平衡　47
導電性高分子　76
等電点　148
特異吸着　38, 41
ドナー　127
ドナン膜電位　141
ドーピング　127
トランスデューサー　149

な 行

内部抵抗　61

内部電位　39
内部ヘルムホルツ面　41
ナトリウム-硫黄電池　78
鉛蓄電池　3,71

ニコチンアミドアデニンジヌクレオチド
　　143
ニコチンアミドアデニンジヌクレオチドリン酸
　　146
ニコルソン　3
二酸化マンガンリチウム電池　69
二次電池　59,70
ニッケル-カドミウム電池　73
ニッケル-金属水素化物電池　4,73,74
ニッケル-水素電池　4,73,74
ニューロン　140

熱電併給　86
ネルンスト　3
ネルンスト式　3,22,24,61,142
燃料電池　3,59,82
燃料電池車　86

濃淡電池　31
濃度過電圧　55

は行

バイオセンサー　148,149
ばい焼（焙焼）　100
バイポーラー電極　95
バイヤー法　98
パウリの排他原理　125
バグダッド電池　2
バトラー-フォルマー式　51
バリヤー層　108
半電池　26
バンド　125
半導体電極　125
バンドギャップ　126
反応速度　45
半波電位　164
半ピーク電位　164

pn接合　130
p型半導体　125,127
光起電力　131
光合成電子伝達系　142,146
光照射　133
光増感電解還元　135
光増感電解酸化　135
光電気化学　3,125
光電池　131
ピーク電位　164
ピーク電流密度　164
非水電解質溶液　69
微生物電池　151
非対称効果　19
ピット　105
ヒットルフの方法　16
非定常法　154
比伝導度　11
ヒドロニウムイオン　19
微分容量　39
比誘電率　80
標準起電力　24,61
標準状態　24
標準水素電極　27,30
標準電極電位　27
標準電池　23
表面過剰量　37
表面張力　37
表面電荷密度　37

負　127
ファラデー　3
　　——の電気分解の法則　1,3,8
ファラデー効率　92
ファラデー定数　8
フィックの拡散第一法則　53
フィックの拡散第二法則　53
封孔処理　108
フェルミ準位　128
不可逆　164
不活態　120
負極　3,5,22
複極式　94

索　引　177

不純物半導体　127
腐　食　113
腐食電位　117
腐食電流　117
腐食抑制剤　120, 123
物質移動過程　45, 52
物理電池　59
不動態　120
部分アノード電流密度　48
部分カソード電流密度　48
フラットバンド電位　132
フラーデ電位　120
プランク定数　134
プランテ　3
プリベーク式　99
プールベイ図　118
プロトン交換膜　84
プロトンジャンプ機構　20
分解電圧　91
分　極　12, 61
分極抵抗　52

平衡定数　15, 25, 29
平衡電位　47
ヘルムホルツ二重層　45
ヘルムホルツの模型　39
ヘルムホルツ面　40
ヘンダーソンの式　34

防　食　120
放電容量　62
包　膜　146
飽和カロメル電極　30
補酵素　143
補助電極　[➡ 対極]　47
ボタン形アルカリ電池　67
ポテンショスタット　156
ポテンショメトリー　156
ポーラス層　108
ポーラログラフィー　159, 166
ポーラログラム　159, 164
ポリマーリチウム電池　76
ホール　105

ホール-エルー法　99
ボルタ　2
　　──の電堆　2
ボルタ電池　3, 113
ボルタンメトリー　162
本多-藤嶋効果　4, 136

ま　行

膜・電極接合体　87
マンガン乾電池　3, 65

水の電気分解　5
ミッシュメタル　74
ミトコンドリア　142

無関係電解質　52
無限希釈におけるモル伝導率　13
無停電電源装置　72
無電解めっき　104

めっき　104
めっき浴　106
メディエーター　151

モル伝導率［モル電気伝導率］　11, 13
　イオンの──　14

や　行

輸　率　11, 16

陽イオン［カチオン］　3
溶解度積　119
陽　極　5, 90
陽極効果　98
溶媒和　19
溶融塩　94, 97
溶融塩電解　97, 100
溶融炭酸塩形燃料電池　82, 84
葉緑素　146
葉緑体　142

ら行

ラメラ　146

理想非分極性電極　37
理想分極性電極　36
リチウムイオン電池　4,76
リチウム一次電池　4,69
リチウム電池　69
リチウム二次電池　76
律速過程　45
律速段階　46
リップマン式　38
硫酸水銀(I)電極　31
両性電解質　148
利用率　62

理論エネルギー変換効率　85
理論エネルギー密度　62
理論起電力　61
理論電解エネルギー　92
理論電気量　91,92
理論電気量原単位　93
理論分解電圧　91
理論容量　62
りん酸形燃料電池　82

ルギン毛管　56,155
ルクランシェ　3
ルクランシェ電池　3

レセプター　149
レドックスフロー電池　79

著者紹介

岩倉 千秋 工学博士
1969 年 大阪大学大学院工学研究科博士課程修了
2005 年 大阪府立大学名誉教授

森田 昌行 工学博士
1980 年 大阪大学大学院工学研究科博士後期課程修了
2018 年 山口大学名誉教授

井上 博史 博士(工学)
1989 年 大阪大学大学院工学研究科博士後期課程中退
2005 年 大阪府立大学大学院工学研究科教授
2022 年 大阪公立大学大学院工学研究科教授

コンパクト電気化学

令和元年 5 月15日 発 行
令和 6 年 7 月25日 第 4 刷発行

著作者　岩倉 千秋
　　　　森田 昌行
　　　　井上 博史

発行者　池田 和博

発行所　丸善出版株式会社
〒101-0051 東京都千代田区神田神保町二丁目17番
編集:電話(03)3512-3266／FAX(03)3512-3272
営業:電話(03)3512-3256／FAX(03)3512-3270
https://www.maruzen-publishing.co.jp

ⓒ Chiaki Iwakura, Masayuki Morita, Hiroshi Inoue, 2019
組版印刷・創栄図書印刷株式会社／製本・株式会社 松岳社

ISBN 978-4-621-30380-1　C 3043　　　　Printed in Japan

JCOPY 〈(一社)出版者著作権管理機構 委託出版物〉
本書の無断複写は著作権法上での例外を除き禁じられています。複写される場合は,そのつど事前に,(一社)出版者著作権管理機構(電話 03-5244-5088, FAX 03-5244-5089, e-mail:info@jcopy.or.jp)の許諾を得てください。